图书在版编目（CIP）数据

小小细胞／刘清廷编 .—成都：成都地图出版社，
2013.5（2021.10 重印）
（换个角度看世界）
ISBN 978－7－80704－703－2

Ⅰ.①小… Ⅱ.①刘… Ⅲ.①细胞学－青年读物②细
胞学－少年读物 Ⅳ.①Q2-49

中国版本图书馆 CIP 数据核字（2013）第 076165 号

换个角度看世界——小小细胞
HUANGE JIAODU KAN SHIJIE—XIAOXIAO XIBAO

责任编辑：赖红英
封面设计：童婴文化

出版发行：成都地图出版社
地　　址：成都市龙泉驿区建设路 2 号
邮政编码：610100
电　　话：028－84884826（营销部）
传　　真：028－84884820

印　　刷：三河市人民印务有限公司
（如发现印装质量问题，影响阅读，请与印刷厂商联系调换）

开　　本：710mm×1000mm　1/16
印　　张：14　　　　　　　字　　数：230 千字
版　　次：2013 年 5 月第 1 版　印　　次：2021 年 10 月第 8 次印刷
书　　号：ISBN 978－7－80704－703－2
定　　价：39.80 元

{PREFACE}
前言 ►
小 小 细 胞

　　生物体具有共同的物质基础和结构基础，细胞是绝大部分生物结构和功能的基本单位。一切生物活动如代谢、增殖都要以细胞为基础。组成生物体的任何一种化合物都不能单独地完成某一种生命活动，只有这些化合物按照一定的方式有机地组织起来，才能表现出细胞和生物体的生命现象。细胞就是这些物质最基本的结构形式。

　　细胞是生命体组成的基本单位，目前已知的生物中除病毒不具有细胞结构外，其他生物均由细胞构成。细胞生物由一个细胞构成，其他的生物由无数的细胞组成。各种功能不同的细胞结合在一起形成组织和器官，细胞是生命的构成单位，细胞是生命的判定依据，细胞是生命体物质交换的单位……总之，细胞是组成生命的砖石，没有细胞就不会有除了病毒之外其他的生命了。

　　所以说细胞是生命活动的基础，是构成生命体的基本单位。

C ONTENTS

目录 小小细胞

漫话细胞

　　细胞是生命活动的基础，是构成生命体的基本单位。人体也是由细胞组成的。细胞构成组织，组织构成器官，相关的器官构成系统，八大系统构成完整的人。

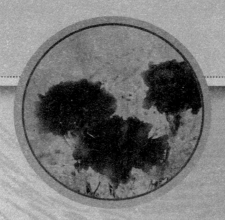

探索细胞的历史

从一望无垠的汪洋大海到巍峨耸立的山峰，从骄阳似火的热带雨林到冰天雪地的南极大陆，到处都有生命存在。除病毒之外，地球上的生物都是由细胞组成的，细胞是生命的摇篮。

在生命发展的轨道上，行驶着一辆生命进化的高速列车，正是它，载着我们从 32 亿年前向着现代驶来。

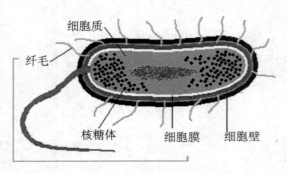

原核细胞

32 亿年前诞生的细胞叫原核细胞，现在找到的证据，就是从非洲南部前寒武纪早期（距今 32 亿～36 亿年）岩层中发现的古杆菌和巴贝通球藻化石，这是迄今所知道的最原始的细胞。它们残存的直接后裔，有细菌、蓝藻、支原体、衣原体、放线菌等，总共约有 5000 种。细菌为什么惨淡经营几十亿年，始终长进不大呢？这可能是由于它未建成细胞核的缘故吧。所以现在原核生物没太大的变化，仍保留着十分原始的极为古老的状态。

到了 16 亿年前，地球上出现了真核细胞。目前所知道的最古老的真核细胞——绿藻和金藻，是在美国加利福尼亚州和贝克泉的白云石中找到的。这类细胞除有细胞壁、细胞膜、细胞质外，还有细胞核和细胞器。现在大约有 150 万种真核细胞生物。

真核细胞出现的前提是大气中出现游离态的氧。蓝绿藻的出现，为环境提供了游离态的氧。据说真核细胞是吞并了某些原核细胞才发展壮大起来的，它先是吞并了像细菌那样的原核细胞作为它的一部分，被吞并的细菌就发展成为"线粒体"。之后它又吞并了像蓝绿藻那样的原核细胞，也作为其中的一部分，这叫作"叶绿体"，这种说法虽然还有争议，但有以下事实：芝加哥大学一个科学小组分别对真核细胞的叶绿体和线粒体的核酸物质进行研究，发现这些核酸物质与细胞核的核酸不同，而与细菌和蓝藻的核酸相似，这就是解释真核细胞起源的捕获学说。

真核细胞生物大约在 10 亿年前最为繁盛，它不仅称霸于海洋世界，而且占领了所有的水域，它们在较长的一个时期内既像动物又像植物，兼有两方面的特点。至今仍生活在淡水中的眼虫就是很好的证明。它体内有叶绿体，在"光天化日"下身穿"绿装"，能吸收阳光进行光合作用，自己制造有机物，可是它身体前端有几

趣味点击　绿藻

绿藻门成员，约有 6000 种。光合色素（叶绿素 a 和 b、胡萝卜素、叶黄素）的比例与种子植物和其他高等植物相似。典型的绿藻细胞可活动或不能活动。具有中央液泡，色素在质体中，质体形状因种类而异。细胞壁由两层纤维素和果胶质组成。能量以淀粉的形式储存于质体内的蛋白核中。

根鞭毛，挥舞鞭毛能在水中游动，还有能感光的眼点，这些都是动物的特征。更有趣的是眼虫在黑暗的环境中叶绿体逐渐消失，它使用前端的嘴巴——胞咽，大口大口地"吃"起现成的有机养料。这次，它可是干脆以动物自居了。

后来，真核细胞生物又兵分两路，一路向植物世界驶去，一路向动物世界开来。

从构造上看，植物细胞在细胞膜的外面又增设了一道防线，这叫作细胞壁，并且细胞内还有绿色工厂——叶绿体。对于动物细胞来说，则没有细胞壁和叶绿体。从营养方式上来看，动物细胞靠吸收现成的养料来生活，所以叫异养生物，而植物细胞则自己制造有机物，故称自养生物。

基本
小知识

有机物

　　有机物又称有机化合物，主要由氧元素、氢元素、碳元素组成。

　　有机物是生命产生的物质基础。生物体内的新陈代谢和生物的遗传现象，都涉及有机化合物的转变。此外，许多与人类生活有密切关系的物质，例如石油、天然气、棉花、染料、化纤、天然和合成药物等，均属有机化合物。

　　真核细胞生物，在十几亿年间远远超过了原核细胞的几十亿年的进化历程，它们向高级的人类迈进了。

　　在六七亿年前，真核细胞生物就发展为多细胞生物。由单细胞到多细胞，这是在构造上由低级到高级发展的重要阶段。多细胞的出现，使细胞有了分工。有的细胞管营养，有的细胞管生殖，有的细胞管运输，有的细胞管储藏，有的细胞则起保护作用，而神经细胞独领风骚，控制全局。

　　许多相同的细胞及细胞质构成了组织。比如在植物中有输导组织、薄壁组织、上皮组织。在动物和人体内有四大组织——上皮组织、结缔组织、肌肉组织和神经组织。许多组织联合起来，能行使一定功能的就叫作器官，如植物中的根、茎、叶、花、果实，动物中的胃、肠、肺、肾等。许多器官构成了复杂的生物体。

　　大约在5亿年前，真核细胞生物开始出现了有性生殖。从无性生殖到有性生殖，这是生物由低等到高等的表现。有性生殖，就是来自父方的精子与来自母方的卵细胞相互结合产生后代的生殖方式。这种生殖方式使后代带有不同亲代的遗传物质，增强了后代的变异性，丰富了遗传性状，从而加速了生物进化的步伐。

　　大约到了4亿年前，真核细胞生物纷纷离开了水域，登上了陆地。从水生到陆生，生物将占领广大的空间。生物的形态和结构更复杂。植物出现了根和输导组织，还有体表防止水分蒸发的角质层和气孔。被子植物是植物中登陆最成功的类群，它的一系列结构更适应于陆地生活。比如，宽大的导管腔大大提高了输水的能力，很厚的细胞壁能支持沉重的叶片等。更为重要的是，被子植物双受精作用和新型胚乳的出现，更有利于胚的发育以及后代对环境的适应。在动物中，用鳃呼吸改为用肺呼吸，四肢的进化以及羊膜卵的出现，使动物可以完全在陆地上生活。在发展到鸟类和哺乳类时，体温也由变温变为恒温，更能适应陆上生活。

广角镜

胚乳

胚乳一般是指被子植物在双受精过程中精子与极核融合后形成的滋养组织，也称内胚乳。这种组织既不是配子体，也不是孢子体，其染色体倍性一般为三倍体；为许多植物（如禾本科植物）种子的重要组成部分。裸子植物的雌配子体具有贮藏营养的功能，也称它为胚乳；但它是由未受精的大孢子发育形成的单倍体雌配子体组织，兼有分化产生卵细胞的功能，与被子植物的胚乳在起源及染色体倍性上都是不同的。有些植物的珠心组织（孢子体部分）在种子发育过程中，不但没有被吸收消耗，反而增殖并发育成充满丰富营养的组织——外胚乳。

到了两三百万年前，猿进化到人，人通过劳动创造了语言，有了才智，大大超过了其他动物。因此，人在进化历史上虽然是动物中的年轻者，却成了大自然的主人。这是生命的高度发展。

你知道吗，成年人身体中约有 $40 \times 10^{12} \sim 60 \times 10^{12}$ 个细胞，而刚出生的婴儿也有 2×10^{12} 左右的个细胞。细胞就好像我们生命中的一砖一瓦，除维持生命大厦的结构稳定外，还参加生命内的各种活动。因此，生物学家把细胞称为有机体结构和生命活动的基本单位。毫不夸张地说，生命就是从细胞中孕育而来的。

胡克、列文虎克对细胞的论断

◎ 胡 克

　　罗伯特·胡克于 1635 年 7 月出生于英格兰南部威特岛的弗雷施瓦特。父亲是当地的教区牧师。虽然胡克从小体弱多病，性格怪僻，但是他心灵手巧，酷爱摆弄机械，自制过木钟、可以开炮的小战舰等。10 岁时，胡克对机械学发生了浓烈的兴趣，并为日后在实验物理学方面的发展打下了良好的基础。

罗伯特·胡克

　　1648 年，胡克的父亲去世后，家道中落。13 岁的胡克被送到伦敦一个油画匠家里当学徒，后来做过教堂唱诗班的领唱，还当过富豪的侍从。在威斯特敏斯特学校校长的热心帮助下，胡克修完了中学课程。1653 年，胡克进入牛津大学里奥尔学院学习。在这里，他结识了一些颇有才华的科学界人士。这些人后来大都成为英国皇家学会的骨干。此时的胡克热心参加医生和学者活动小组，并且显露出独特的实验才能。1655 年胡克成为牛津大学威力斯（1621—1675，英国医学家、脑及神经科专家）的助手，还被推荐到玻意耳的实验室工作。由于他的实验才能，1662 年他被任命为皇家学会的实验主持人，为每次聚会安排三四个实验。1663 年获文学硕士学位，同年被选为皇家学会正式会员，又兼任了学会陈列室管理员和图书管理员。1665 年，胡克担任格列夏姆学院几何学、地质学教授，并从事天文观测工作。1666 年伦敦大火后，他担任测量员以及伦敦市政检察官，参加了伦敦重建工作。1677—1683 年他就任英国皇家学会秘书并负责出版会刊。学会的工作条件为他在当时自然科学的前沿（如机械仪器改制、弹性、重力、光学，乃至生物、建筑、化学、地质等方面）作出自己的贡献提供了方便。1676 年，胡克发表了著名的弹性定律。1703 年3 月 3 日，胡克逝世于伦敦，终年 68 岁。

知识小链接

玻意耳

玻意耳，物理学家、化学家。1627 年 1 月 25 日出生于爱尔兰的利斯莫尔。1635 年进入伦敦西郊的伊顿公学学习。1644 年继承了父亲的一笔财产，定居在多尔塞特，博览了自然科学、哲学、神学等方面的书籍。当时他还经常参加由他姐姐邀请的一些著名科学家的聚会，去听他们就一些科学问题的讨论，但他主张"实验决定一切"。1654 年玻意耳迁居牛津，在牛津大学创立了一个实验室，开始从事系统的物理和化学的研究工作。他是伦敦皇家学会创始人之一，1663 年被选为英国皇家学会会员，1680 年被选为皇家学会会长。

　　奠定胡克科学天才声望的要数《显微制图》一书。该书于 1665 年 1 月出版，每本定价为昂贵的 30 先令，一出版就引起轰动。胡克出生之前显微镜就被发明和制造出来了，但是，显微镜发明后半个多世纪过去了，却没有像望远镜那样给人们带来科学上的重大发现。直到胡克出版了他的《显微制图》一书，科学界才发现显微镜给人们带来的微观世界和望远镜带来的宏观世界一样丰富多彩。在《显微制图》一书中，胡克绘画的天分得到充分展现，书中包括 58 幅图画，在当时没有照相机的情况下，这些图画都是胡克用手描绘的显微镜下看到的情景。可惜的是，胡克自己的画像却一张也没有留存下来。《显微制图》一书为实验科学提供了前所未有的既明晰又美丽的记录和说明，开创了科学界借用图画这种最有力的交流工具进行阐述和交流的先河，为日后的科学家们所效仿。1684 年时任英国皇家学会会长的塞缪尔·佩皮斯就是看到胡克的这本书，对科学产生了浓厚的兴趣，于是立即购买仪器并于 1665 年 2 月加入皇家学会。他称赞该书是他一生中所读过的最具天才性的书。胡克开始应用显微镜进行生物研究，并使用"细孔"和"细胞"来说明观察到的微小物体。"细胞"一词从此被生物界直接采用。胡克的这一发现，引起了人们对细胞学的研究。现在人类知道，一切生物都是由无数的细胞所组成的。此外，他还发现了细胞壁。胡克对细胞学的发展作出了极大的贡献。

基本小知识

细胞壁

细胞壁是原核生物和真核生物结构和功能的基本单位。除病毒外，一切生物均由细胞构成，根据细胞内核结构分化程度的不同，细胞可以分为原核细胞和真核细胞两大类型。细胞壁是细胞的外层，在细胞膜的外面，细胞壁之厚薄常因组织、功能不同而异。植物、真菌、藻类和原核生物都具有细胞壁，但动物细胞不具有细胞壁。细胞壁本身结构疏松，外界可通过细胞壁进入细胞中。

◎ 列文虎克

列文虎克立志做一件最特别的事：探索最小的生命！在外人看来，他只是一个裁缝师，兼法庭门外的看门员，一个女儿的父亲。这个没有受过什么教育的男人，以 20 年的岁月，发明了一种最独特的技术——用直径 0.3 厘米的玻璃珠，磨成一个 200 多倍的放大镜。他是发现了细胞、细菌、原生动物、精子、卵细胞、红血球等的人。从此，世界上的大人物不让这个小人物安静，俄国的皇帝、英国的女皇等人纷纷来到他的裁缝店，来看他放大镜下一大堆蠕动的小生物。如今，全世界几乎全部生物课本都会提到他的名字与发现。

但是有谁想到，当年他为什么没有用这高超的手艺去磨钻石、镶钻戒，来赚很多的钱，反而去磨制成科学界最独特的一颗眼睛——放大镜？在某天的半夜里一个声音大叫道："玛莉亚，来看，快来看，爸爸又看到雨滴里有小生命在游泳哩！"

列文虎克

◎ 科学怪眼

1673 年，英国皇家科学院收到一封奇怪的信。这封信开头提到荷兰的低地运河，又列出一堆加、减、乘、除的运算，忽然又写到蜜蜂的针是长什么样子，之后话锋一转，写到人如何深夜未眠又保持头脑清楚，接着又谈到狗毛与羊毛在放大镜下观察有什么差别。当这封信被人在皇家科学院朗诵时，很多人嗤之以鼻，以为是神经病所写的，有人捧腹大笑，以为是天方夜谭。但是在座的"化学之父"玻意耳，"物理之父"牛顿，大科学家胡克等人却是一脸严肃，内行人知道这封信提到了人类从来未能仔细看到的东西。玻意耳立刻回信：请您寄一个放大镜来给我们看看。

不久有回信了，不是当时知识分子通用的拉丁文，而是用荷兰文写的。信中内容又是一盘大杂碎，什么都有，就是没有放大镜。玻意耳只好请胡克做一个放大镜，并证实这个寄信者列文虎克的观察正确。1680 年，列文虎克被选为皇家科学院的会员。

◎ 专注兴趣是忘记苦难的方法

1632 年 10 月 24 日，列文虎克生于荷兰的代尔夫特。大西洋吹来的海风吹动着风车。列文虎克很小就被嘲笑为"脑筋有点怪怪"的孩子，经常一人在运河边默默地散步。他的父亲是个酿酒商，在列文虎克小时候就病逝了。

不久母亲带着他改嫁。列文虎克 16 岁时，继父也死了，他就被送到阿姆斯特丹学习裁缝。五年后出师，回到代尔夫特，开了一家裁缝店，兼卖一些布料。他虽然有着第一流的手艺，却经常心不在焉，与邻居、客人也很少来往，裁缝店的生意因此很冷清。1660 年，他在代尔夫特法院谋得"看门"一职，以便贴补家计。

列文虎克在 22 岁时结婚，不久妻子就死了。之后，他又再婚，并生了多个孩子，但大多夭折，只有一个女儿长大。列文虎克的一生，像是冬天由北海吹来的风，冰冷又充满阴霾。没有人知道这个沉默的男人是如何走过家庭的不幸与事业的不顺，只知道他在这段期间，用惊人的耐心，每天下班后，在家里制作高倍率的放大镜。他先用高温制出高透光性的玻璃珠，再把玻璃珠放在固定夹上，仔细地把玻璃珠磨成双凸镜。然后用这个双凸放大镜，看他周围的小东西。

趣味点击 原生动物

原生动物是动物界中最低等的一类真核单细胞动物，个体由单个细胞组成。原生动物形体微小，最小的只有 2～3 微米，一般多在 10～200 微米，除海洋有个别种类孔虫可达 10 厘米外，最大的约 2 毫米。原生动物生活领域十分广阔，可生活于海水及淡水内，底栖或浮游，但也有不少生活在土壤中或寄生在其他动物体内。原生动物一般以有性和无性两种世代相互交替的方法进行生殖。

当时的裁缝需要 2～5 倍的放大镜观看布料的品质，越好的布料，线织密度会越大。但是列文虎克的放大镜是 200 多倍的高倍数，他用这个放大镜来比较羊毛与路上拾来的狗毛结构的差别。他的行为实在怪异，人们不可能用狗毛做布料，他怎么比较狗毛与羊毛的不同呢？

荷兰有世界一流的磨钻技术。列文虎克磨玻璃的技术起初是向磨钻石的工人学的。奇怪的是，学了技术的列文虎克不是用来磨钻石，而是用来磨放大镜，以观看水中动来动去的原生动物。原生动物比钻石值钱吗？

◎ 血液的奥秘

　　1673 年，列文虎克向英国皇家科学院报告了他的观察成果。等了 7 年，他的发现才得到肯定。在这期间，列文虎克我行我素，继续观察周遭的一点一滴。他观测人的肌肉，发现一条条细长型的"细胞"。列文虎克的观察，重新厘定了世人对于生物学的认识。1680 年，他从鱼身上的血管中看到了血液的循环，印证了早期医学大师哈维的学说，解开了困扰人类千年的谜团。

◎ 看啊！水中的小生物

　　列文虎克没有因为成名而忘记自己在阴霾日子里所坚定的信念。安慰不是来自成功时的掌声，而是对准他写下的：我的一生是在放大镜下，从事一场又一场神圣的探索，打开一盒又一盒奇妙的礼物。1702 年，他在雨滴中发现了细菌的存在，就写信告诉皇家科学院：我长期观测雨滴中的小生物。起初我在水中看不到什么，而后三四天就看到各种形态的小生物，有的呈线状丝体，有的呈不规则的斑点，这些小生物不是自己产生的，而是由繁殖产生的，只有生命才能产生生命，无生命不能产生生命，因此"自然发生说"是不正确的。生命不会自然发生，只有上帝才能使物质产生生命。我看到这些小生物，是看到上帝创造的美意。不久，他又在水中发现原生动物轮虫。列文虎克是历史上第一个发现细菌与原生动物的人，这足以使他名垂千古。他以精确的微生物实验，证明自然发生说的错误。

◎ 生命的苦难与恩典

　　不久，列文虎克采集代尔夫特运河中的牡蛎观察，发现牡蛎的卵非常多，但是有许多卵是被水中的细菌吃掉的。他写道：有些细菌能够活下去，是靠牺牲别的生命。当这些细菌有东西可以吃时就迅速繁殖，没有牡蛎的卵可以吃时就大量死亡。无论是吃或被吃，生命的存在是一场残酷的考验。我无法明白，慈爱的上帝怎么会容许这些生命不断地在生死中竞食？但是我又仔细地观察，细菌再怎么增多，也不能杀尽牡蛎，只要有一只牡蛎排卵，就可以让整条渠道充满了牡蛎。渠道的空间有限，太多牡蛎将无法生存下去，牡蛎与细菌之间维持着巧妙的平衡。啊！这是上帝的智慧！

1717 年，列文虎克已经 85 岁了。他的朋友劝他不要再那么用功，人生应该放轻松一点，他回答道："秋天成熟的果子，可以保存得最久。"他把 85 岁看成人生四季的秋天而已。他到 90 岁时，还继续把研究成果寄给皇家科学院。他一生总共寄了 350 封研究成果的信。他晚年时仍提到：到现在，拿着放大镜看四五个小时，我的手仍不会抖，眼睛仍不会酸。

生命活动的基本单位——细胞

细胞并没有统一的定义，近年来比较普遍的提法是：细胞是生命活动的基本单位。已知除病毒之外的所有生物均由细胞所组成，但病毒生命活动也必须在细胞中才能体现。一般来说，细菌等绝大部分微生物以及原生动物由 1 个细胞组成，即单细胞生物；高等植物与高等动物则是多细胞生物。细胞可

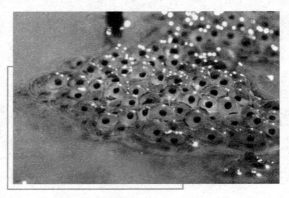

鸵鸟的卵

分为 2 类：原核细胞、真核细胞。但也有人提出应分为 3 类，即把原属于原核细胞的古核细胞独立作为与之并列的一类。研究细胞的学科称为细胞生物学。世界上现存最大的细胞为鸵鸟的卵。

基本小知识

单细胞生物

生物可以根据构成的细胞数目分为单细胞生物和多细胞生物。生物圈中还有肉眼很难看见的生物，它们的身体只有一个细胞，被称为单细胞生物。单细胞生物只由单个细胞组成，而且经常会聚集成为细胞集落。单细胞生物个体微小，全部生命活动在一个细胞内完成，一般生活在水中。

◎ 组成细胞的元素

1. 细胞中常见的化学元素。细胞中常见的化学元素有 20 多种，分析人体细胞的元素组成可以发现有如下规律：

组成人体细胞的主要元素

（占细胞鲜重的百分比）	（占细胞干重的百分比）
O　65%	C　48.4%
C　18%	O　23.7%
H　10%	N　12.9%
N　3%	H　6.6%
P　1.4%	Ca　3.5%
S　0.3%	S　1.6%
其他元素　少于3%	P　1.6%
	Na、K、Fe 等　1.7%

（1）组成细胞最基本的元素是 C。在人体细胞干重中 C 的含量可达到 50%。

（2）组成细胞的基本元素有4种：C、H、O、N。在细胞中这4种元素的含量，占组成细胞元素总量的90%。

（3）组成细胞的主要元素有6种：C、H、O、N、P、S。这6种元素占细胞总量的97%。

2. 大量元素和微量元素。在组成生命的元素中，根据其含量的多少分为大量元素和微量元素。

（1）大量元素：是指含量占生物体总质量1/10000以上的元素，有C、H、O、N、P、S、K、Ca、Mg等。

微量元素

微量元素是相对主量元素（大量元素）来划分的，根据寄存对象的不同可以分为多种类型，目前较受关注的主要是两类，一种是生物体中的微量元素，另一种是非生物体中（如岩石中）的微量元素。

（2）微量元素：通常指生物生活所必需，但是需要量却很少的一些元素。有Fe、Mn、Zn、Cu、B、Cl等。

3. 组成生物体的化学元素的重要作用。

（1）是组成原生质的成分，如C、H、O、N、P、S等，占原生质总量的97%以上。

（2）是多种化合物的组成成分，如蛋白质、糖类、核酸、脂肪等。

（3）也有一些元素能影响生物体的生命活动。如Mg是叶绿素的组成元素之一；Zn是某些酶的组成成分，也是酶的活化中心；B能促进花粉的萌发和花粉管的伸长，因此B与植物的生殖过程有密切的关系。缺B常导致植物"花而不实"。

◎ 组成细胞的化合物

细胞中常见的化学元素有20多种，这些组成生物体的化学元素虽然在生物体内有一定的生理作用，但是单一的某种元素不可能表现出相应的生理功能。这些元素在生物体特定的结构基础上，有机地结合成各种化合物，这些化合物与其他物质相互作用才能体现出相应的生理功能。组成细胞的化合物大体可以分为无机化合物和有机化合物。无机化合物包括水和无机盐等；有机化合物包括蛋白质、核酸、糖类和脂类等。水、无机盐、蛋白质、核酸、糖类、脂类等有机地结合在一起才能体现出生物体的生命活动。现将这些化合物总结如下：

无机化合物

水：占 85% ~ 90%

无机盐：占 1% ~ 1.5%

知识小链接

生物体

生物体的共同物质基础是：在基本组成物质中都含有蛋白质和核酸。生物体的结构基础是：除病毒等少数种类以外，生物体都是由细胞构成的。病毒不具备细胞结构，需要依赖寄主细胞才能进行繁殖，所以生命都需要细胞来表现，病毒等也不例外。

有机化合物

蛋白质：占 7% ~ 10%

脂质：占 1% ~ 2%

糖类和核酸：占 1% ~ 1.5%

在组成的化合物中含量最多的是水，但是在细胞干重中，含量最多的化合物是蛋白质，占干重的 50% 以上。

◎ 细胞定义的新思考

除病毒外的所有生物都由细胞构成。自然界中既有单细胞生物，也有多细胞生物。细胞是生物体基本的结构和功能单位。细胞是生物界中不可缺少的一部分。

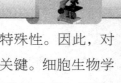

细胞是生命的基本单位，细胞的特殊性决定了个体的特殊性。因此，对细胞的深入研究是揭开生命奥秘、改造生命和征服疾病的关键。细胞生物学已经成为当代生物科学中发展最快的一门尖端学科，是生物、农学、医学、畜牧、水产和许多生物相关专业的一门必修课程。20世纪50年代以来诺贝尔生理与医学奖大都授予了从事细胞生物学研究的科学家。

细胞的定义：细胞是生命活动的基本单位，一切有机体（除病毒外）都由细胞构成，细胞是构成有机体的基本单位。

★细胞具有独立的、有序的自控代谢体系，是代谢与功能的基本单位。

★细胞是有机体生长与发育的基础。

★细胞是遗传的基本结构单位，细胞具有遗传的全能性。

★没有细胞就没有完整的生命（病毒必须寄居在活体内）。

★除病毒以外，其他生物都是由细胞构成的。

生物的七大基本特征：①有严整结构，②有新陈代谢，③有生长现象，④具有应激性，⑤能生殖和发育，⑥具有遗传和变异的特性，⑦能在一定程度上适应环境也能影响环境。

◎ 细胞的基本共性

1. 所有的细胞表面均由磷脂双分子层与镶嵌蛋白质及糖被构成的生物膜，即细胞膜。

基本小知识

生物膜

生物膜是镶嵌有蛋白质和糖类（统称糖蛋白）的磷脂双分子层，起着划分和分隔细胞、细胞器的作用，它也是与许多能量转化和细胞内通信有关的重要部位，同时，生物膜上还有大量的酶结合位点。细胞、细胞器和其环境接界的所有膜结构的总称即为生物膜。

2. 所有的细胞都含有 2 种核酸：即 DNA 与 RNA。

3. 作为蛋白质合成的机器——核糖体，存在于除个别非常特化的细胞外的一切细胞内。

4. 基本上所有细胞的增殖都以一分为二的方式进行分裂。

5. 细胞具有新陈代谢的功能。

6. 细胞都具有运动性，包括细胞自身的运动和细胞内部的物质运动。

（注：病毒不含）

▶ 细胞的生命活动

细胞除了一般共有的结构外，还有许多共同的机能，它们基本的生命活动是一致的。所有的活细胞都利用能量和转变能量。自养性细胞通过叶绿体或有色体截获太阳能，利用无机物制造有机物，把光能转变为比较稳定的化学能，异养性细胞不能直接利用光能，而是在线粒体中氧化有机物，使有机物逐步降解为小分子，放出能量、二氧化碳。

你知道吗

ATP

ATP 是一种高能磷酸化合物，在细胞中，它与 ADP 的相互转化实现贮能和放能，从而保证细胞各项生命活动的能量供应。生成 ATP 的途径主要有两条：一条是植物体内含有叶绿体的细胞，在光合作用的光反应阶段生成 ATP；另一条是所有活细胞都能通过细胞呼吸生成 ATP。

这个过程就是细胞的呼吸作用。呼吸作用中有些步骤所释放的能量使一些 ADP 转变为 ATP 储藏着。在需要时 ATP 再转变为 ADP 提供细胞直接利用的能量。

活细胞通过呼吸作用取得的能量，主要是用来维持其内部环境的恒定和结构的完整性。一个活细胞内有非常复杂而特有的秩序，各种化合物浓度是不一致的，要维持这种情况，细胞就要不断地消耗能量。如果我们断绝好氧细胞的氧气供应，使其呼吸作用停止，细胞的复杂结构就会由于缺乏能量而趋向于破坏，细胞也就随之死亡。

此外，细胞还把能量用于合成，利用比较简单的小分子合成自己的大分子。这些大分子中主要是蛋白质和核酸。合成蛋白质的顺序由 RNA 控制，而 RNA 的合成又是在 DNA 控制下进行的。DNA 位于染色体中，在细胞中能自体复制，在分裂时传递给下一代的细胞。不同种类的细胞 DNA 中所含的信息不同，使不同的细胞合成的蛋白质不同，而这些蛋白质中有许多是酶，是合成其他有机大分子的工具。因此，每种细胞所合成的大分子都有自己的特性。

任何活细胞除了进行分解、合成等新陈代谢活动之外，另一个最基本的特点就是繁殖。每一个细胞经过一段生长期后都要进行分裂，否则便会因衰老而死亡。细胞自上一次分裂完成时开始到下次完成分裂时为止的这个周期，叫作细胞周期。单细胞生物能通过分裂方式使种族一直延续下去。但多细胞生物的细胞分裂则还受整体的约束。多细胞生物中许多细胞分化为执行特殊功能的特化细胞，如神经细胞、肌肉细胞等。在很多情况下，这种已分化和特化的细胞不能再分裂，它们虽然寿命长短可能不同，但终究要衰老死亡。在癌变组织中一般都能看到已分化细胞的去分化作用，经过去分化的癌细胞又具有分裂的能力，它不受控制地迅速分裂，使整体受到很大的危害。

知识小链接

单细胞生物

生物圈中还有肉眼很难看见的生物，它们的身体只有一个细胞，被称为单细胞生物。生物可以根据构成的细胞数目分为单细胞生物和多细胞生物。单细胞生物只由单个细胞组成，而且经常会聚集成为细胞集落。单细胞生物个体微小，全部生命活动在一个细胞内完成，一般生活在水中。

　　从上面可以看出，细胞不仅是组成所有有机体的基本结构单位，同时也是具有全部生命特征的基本生理单位。在地球漫长的生命发展过程中，细胞又是一个发展中极其重要的阶段。生命发展到细胞阶段之后，才有了一个飞跃，才在地球上蓬勃地发展起来，并最终出现了达到自我意识境界的人类。

　　物质在地球上的发展，产生了一类特殊的高分子，这些分子组合起来，形成一类能自我复制、能遗传变异，自身不断处于代谢过程中的实体，这就是生命。在30多亿年的进化历程中，生命得到了很大的发展，使我们这个行星到处充满着生机。

千姿百态的微生物世界

在自然界中，存在着无数的微生物，它们共同构筑了千姿百态的微生物世界。细菌是微生物世界的重要组成部分。广义的细菌即为原核生物，包括真细菌和古细菌两大类群。还有菌落呈放线状的放线菌，目前已发现的最小最简单的原核生物——支原体，种类繁多的真菌……这些奇异而微小的存在是自然界中不可或缺的一员，它们组成了奇特的微生物世界，也为地球上各种生命的延续和发展奠定了基础。

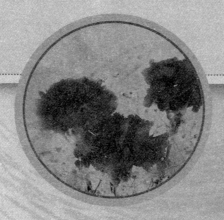

细 菌

广义的细菌即为原核生物，是指一大类细胞核无核膜包裹，只存在称作拟核区（或拟核）的裸露 DNA 的原始单细胞生物，包括真细菌和古细菌两大类群。其中除少数属古细菌外，多数的原核生物都是真细菌。可粗分为 6 种类型，即细菌（狭义）、放

广角镜

拟 核

细菌细胞具有原始的核，没有核膜，更没有核仁，结构简单，为了与真核细胞中典型的细胞核有所区别，称为核区、拟核或原始核，亦称细菌染色体。

线菌、螺旋体、支原体、立克次体和衣原体。人们通常所说的即为狭义的细菌，狭义的细菌为原核微生物的一类，是一类形状细短、结构简单、多以二分裂方式进行繁殖的原核生物，是在自然界分布最广、个体数量最多的有机体，是大自然物质循环的主要参与者。细菌主要由细胞壁、细胞膜、细胞质、核质体等部分构成，有的细菌还有荚膜、鞭毛、菌毛等特殊结构。绝大多数细菌的直径大小在 0.5 ~ 5.0 微米。根据形状分为 3 类，即：球菌、杆菌和螺形菌（包括弧菌、螺菌、螺杆菌）。按细菌的生活方式分为 2 大类：自养菌和异养菌，其中异养菌包括腐生和寄生菌。按细菌对氧气的需求可分为需氧（完全需氧和微需氧）和厌氧（不完全厌氧、有氧耐受和完全厌氧）细菌。按细菌生存温度分类，可分为喜冷、常温和喜高温 3 类。

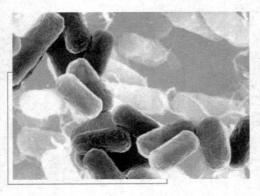

细 菌

　　细菌是生物的主要类群之一，属于细菌域。细菌是所有生物中数量最多的一类，据估计，其总数约有 5×10^{30} 个。细菌的个体非常小，目前已知最小的细菌只有 0.2 微米长，因此大多只能在显微镜下看到。细菌一般是单细胞，细胞结构简单，缺乏细胞核、细胞骨架以及膜状胞器，例如线粒体和叶绿体。基于这些特征，细菌属于原核生物。原核生物中还有另一类生物被称作古生菌，是科学家依据演化关系而另辟的类别。为了区别，本类生物也被称作真细菌。

基本小知识

真细菌

　　真细菌属于原核生物，具有拟核。拟核是原核生物细胞内 DNA 分子所在区域，由一个环状 DNA 分子卷曲折叠而成，DNA 不与蛋白质结合，无染色体或染色质，没有核膜包围，多数原核细胞直径在 0.5～5 微米。多数原核生物细胞膜外有一层细胞壁保护着，主要成分为肽聚糖。细胞质中仅有核糖体以及各种内含物，如糖原颗粒，脂肪颗粒。某些原核生物中有中膜体，它是质膜内陷褶皱折叠而成的，其中有小泡和细管样结构，含有琥珀酸脱氢酶和细胞色素类物质，与能量代谢有关。

　　细菌广泛分布于土壤和水中，或者与其他生物共生。人体身上也带有相当多的细菌。据估计，人体内及表皮上的细菌细胞总数约是人体细胞总数的 10 倍。此外，也有部分种类分布在极端的环境中。然而，细菌的种类是如此之多，科学家研究过并命名的种类只占其中的小部分。细菌域下所有门中，只有约一半是能在实验室培养的种类。

　　细菌的营养方式有自营及异营，其中异营的腐生细菌是生态系中重要的分解者，能使碳循环顺利进行。部分细菌还有固氮作用，将氮元素转换为生物能利用的形式。

◎ 形态结构

杆菌、球菌、螺形菌的形态各不相同，但主要都是由以下结构组成。

（一）细胞壁

细胞壁厚度因细菌不同而异，一般为 15～30 纳米，主要成分是肽聚糖。肽聚糖中的多糖链在各物种中都一样。革兰阳性菌细胞壁厚约 20～80 纳米，有 15～50 层肽聚糖片层，每层厚 1 纳米，有的还具有少量蛋白质。革兰氏阴性菌细胞壁厚约 10 纳米，仅 2～3 层肽聚糖，其他成分较为复杂，由外向内依次为脂多糖、细菌外膜和脂蛋白。此外，外膜与细胞之间还有间隙。

肽聚糖是革兰阳性菌细胞壁的主要成分，凡能破坏肽聚糖结构或抑制其合成的物质，都具有抑菌或杀菌作用。如溶菌酶是 N－乙酰胞壁酸酶，青霉素抑制转肽酶的活性，抑制肽桥形成。

细菌细胞壁的功能包括：保持细胞外形；抑制机械和渗透损伤；介导细胞间相互作用（侵入宿主）；防止大分子入侵；协助细胞运动和分裂。

脱壁的细胞称为细菌原生质体或球状体，脱壁后的细菌原生质体，生存和活动能力大大降低。

（二）细胞膜

细胞膜是典型的单位膜结构，厚 8～10 纳米，外侧紧贴细胞壁，某些革兰氏阴性菌还具有细胞外膜。通常不形成内膜系统，除核糖体外，没有其他类似真核细胞的细胞器，呼吸和光合作用的电子传递链位于细胞膜

广角镜

核 糖

核糖是一种单糖，分子式为 $C_4H_9O_4CHO$。它是在细胞中被发现的，是细胞核的重要组成部分，是人类生命活动中不可缺少的物质。

上。某些受光合作用影响的原核生物（蓝细菌和紫细菌），质膜内褶形成结合有色素的内膜，与捕光反应有关。某些革兰阳性细菌质膜内褶形成小管状结构，被称为中膜体或间体，中膜体扩大了细胞膜的表面积，提高了代谢效率，有拟线粒体之称，此外还可能与 DNA 的复制有关。

（三）　细胞质与核质体

细菌和其他原核生物一样，没有核膜，DNA 集中在细胞质中的低电子密度区，被称为核区或核质体。细菌一般具有 1～4 个核质体，多的可达 20 余个。核质体是环状的双链 DNA 分子，所含的遗传信息量可编码 2000～3000 种蛋白质，空间构建十分精简，没有内含子。由于没有核膜，因此 DNA 的复制、RNA 的转录与蛋白质的合成可同时进行，而不像真核细胞那样生化反应在时间和空间上是严格分隔开来的。

每个细菌细胞含 5000～50000 个核糖体，部分附着在细胞膜内侧，大部分游离于细胞质中。

细菌核区 DNA 以外的可进行自主复制的遗传因子，称为质粒。质粒是裸露的环状双链 DNA 分子，所含遗传信息量为 2～200 个基因，能进行自我复制，有时能整合到核 DNA 中去。质粒 DNA 在遗传工程研究中很重要，常用作基因重组与基因转移的载体。

胞质颗粒是细胞质中的颗粒，起暂时贮存营养物质的作用，包括多糖、脂类、多磷酸盐等。

（四）　其他结构

许多细菌的最外表还覆盖着一层多糖类物质，边界明显的称为荚膜，如肺炎球菌，边界不明显的称为黏液层，如葡萄球菌。荚膜对细菌的生存具有重要意义，细菌不仅可以利用荚膜抵御不良环境，保护自身不受白细胞吞噬，而且能有选择地黏附到特定细胞的表面上，表现出对靶细胞的专一攻击能力。例如，伤寒沙门杆菌能专一性地侵犯肠道淋巴组织。细菌荚膜的纤丝还能把细菌分泌的消化酶贮存起来，以备攻击靶细胞之用。

鞭毛是某些细菌的运动器官，由一种被称为鞭毛蛋白的弹性蛋白构成，结构上不同于真核生物的鞭毛。细菌可以通过调整鞭毛旋转的方向（顺时针或逆时针）来改变运动状态。

菌毛是在某些细菌表面存在的一种比鞭毛更细、更短而直硬的丝状物，须用电镜观察。特点是：细、短、直、硬、多，菌毛与细菌运动无关，根据形态、结构和功能，可分为普通菌毛和性菌毛两类。前者与细菌吸附和侵染宿主有关，后者为中空管子，与传递遗传物质有关。

◎种　类

　　细菌可以按照不同的方式分类。细菌具有不同的形状。大部分细菌是如下 3 类：杆菌是棒状；球菌是球形（例如链球菌或葡萄球菌）；螺旋菌是螺旋形。另一类，弧菌是逗号形。

　　细菌的结构十分简单，原核生物没有膜结构的细胞器。例如，线粒体和叶绿体，但是有细胞壁。根据细胞壁的组成成分，细菌分为革兰氏阳性菌和革兰氏阴性菌。"革兰氏"来源于丹麦细菌学家革兰，他发明了革兰氏染色。

有些细菌细胞壁外有多糖形成的荚膜，形成了一层遮盖物或包膜。荚膜可以帮助细菌在干旱季节处于休眠状态，并能储存食物和处理废物。

细菌分类的变化从根本上反映了发展史思想的变化，许多种类甚至经常改变或改名。最近随着基因测序、基因组学、生物信息学和计算生物学的发展，细菌学被放到了一个合适的位置。

最初除了蓝细菌外（它完全没有被归为细菌，而是归为蓝绿藻），其他细菌被认为是一类真菌。随着它们的特殊原核细胞结构被发现，这明显不同于其他生物（它们都是真核生物），导致细菌归为一个单独的种类，在不同时期被称为原核生物、细菌、原核生物界。一般认为真核生物来源于原核生物。

细菌这个名词最初由德国科学家埃伦伯格在 1828 年提出，用来指代某种细菌。这个词来源于希腊语，意为"小棍子"。

1866 年，德国动物学家海克尔建议使用"原生生物"，包括所有单细胞生物（细菌、藻类、真菌和原生动物）。

1878 年，法国外科医生塞迪悦提出用"微生物"来描述细菌细胞或者用来指代微小生物体。

因为细菌是单细胞微生物，用肉眼无法看见，需要用显微镜来观察。1683 年，列文虎克最先使用自己设计的单透镜显微镜观察到了细菌，大概放大 200 倍。路易·巴斯德和罗伯特·科赫指出细菌可导致疾病。

👁 古细菌

古细菌是一类很特殊的细菌，大多生活在极端的生态环境中。它具有原核生物的某些特征，如无核膜及内膜系统；也有真核生物的特征，如以甲硫氨酸起始蛋白质的合成、核糖体对氯霉素不敏感、RNA 聚合酶和真核细胞的

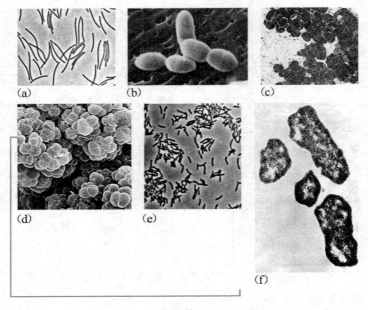

古细菌

相似、**DNA** 具有内含子并结合组蛋白；此外还具有既不同于原核细胞也不同于真核细胞的特征，如：细胞膜中的脂类是不可皂化的；细胞壁不含肽聚糖，有的以蛋白质为主，有的含杂多糖，有的类似于肽聚糖，但都不含胞壁酸、**D** 型氨基酸和二氨基庚二酸。

基本小知识

氨基酸

含有氨基和羧基的一类有机化合物称为氨基酸。它是生物功能大分子蛋白质的基本组成单位，是构成动物营养所需蛋白质的基本物质。氨基连在 α - 碳上的为 α - 氨基酸。天然氨基酸均为 α - 氨基酸。

➡️ 放线菌

　　放线菌因菌落呈放线状而得名。它是一个原核生物类群，在自然界中分布很广，主要以孢子繁殖。

　　放线菌与人类的生产和生活关系极为密切，目前广泛应用的抗生素约70%是由各种放线菌所产生的。一些种类的放线菌还能产生各种酶制剂（蛋白酶、淀粉酶、纤维素酶等）、维生素 B_{12} 和有机酸等。例如，弗兰克菌属非豆科木本植物根瘤中有固氮能力的内共生菌。此外，放线菌还可用于甾体转化、烃类发酵、石油脱蜡和污水处理等方面。少数放线菌也会对人类构成危害，引起人和动植物病害。因此，放线菌与人类关系密切，在医药工业农业生产等各方面具有重要意义。

　　放线菌在自然界分布广泛，主要以孢子或菌丝状态存在于土壤、空气和水中，尤其是含水量低、有机物丰富、呈中性或微碱性的土壤中数量最多。放线菌只是形态上的分类，不是生物学分类的一个名词。有些细菌和真菌都可以划归为放线菌。土壤特有的泥腥味，主要是由放线菌的代谢产物所致。

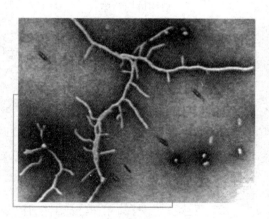

放线菌

➡️ ◎ 放线菌的形态与结构

　　放线菌种类很多，多数放线菌具有发育良好的分支状菌丝体，少数为杆状或原始丝状的简单形态。菌丝大多无隔膜，其粗细与杆状细菌相似，直径为 1 微米左右。细胞中具有核质而无真正的细胞核，细胞壁含有胞壁酸与二氨基庚二酸，而不含几丁质和纤维素。以与人类关系最密切、分布最广、种类最多、形态最典型的链霉菌属为例，链霉菌主要由菌丝和孢子两部分结构组成。

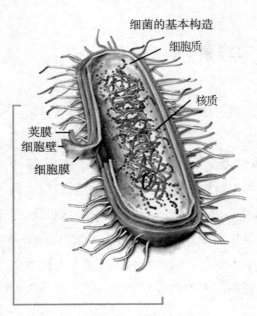

细菌的基本构造
细胞质
核质
荚膜
细胞壁
细胞膜

放线菌结构图

菌 丝

根据菌丝的着生部位、形态和功能的不同，放线菌菌丝可分为基内菌丝、气生菌丝和孢子丝三种。

1. 孢子落在适宜的营养基质表面，在适宜条件下吸收水分，孢子肿胀，萌发出芽，进一步向基质的四周表面和内部伸展，形成基内菌丝，又称初级菌丝或者营养菌丝，直径在 0.2～0.8 微米，色淡，主要功能是吸收营养物质和排泄代谢产物。可产生黄、蓝、红、绿、褐和紫等水溶性色素和脂溶性色素，这些色素在放线菌的分类和鉴定上有重要的参考价值。放线菌中多数种类的基内菌丝无隔膜，不断裂。例如，链霉菌属和小单孢菌属等。但有一类放线菌，例如，诺卡氏菌型放线菌的基内菌丝生长一定时间后形成横膈膜，继而断裂成球状或杆状小体。

2. 气生菌丝是基内菌丝长出培养基外并伸向空间的菌丝，又称二级菌丝。在显微镜下观察时，一般气生菌丝颜色较深，比基内菌丝粗，直径为 1.0～1.4 微米，长度相差悬殊，形状直伸或弯曲，可产生色素，多为脂溶性色素。

3. 孢子丝是当气生菌丝发育到一定程度，其顶端分化出的可形成孢子的菌丝，又称繁殖菌丝。孢子成熟后，可从孢子丝中逸出飞散。

孢子丝

大多数放线菌的气生菌丝发育成熟后，在其顶端形成的可分化成孢子的菌丝，又被称为孢菌丝或繁殖菌丝，主要功能是产生孢子进行繁殖。孢子丝的分支有对生、互生、丛生和轮生之分。形态分为直、波曲和旋三种类型。螺旋有松、紧、大、小之分。大多数左旋，少数右旋。孢子丝的形态和着生方式可作为鉴定菌种的重要依据。

放线菌孢子丝的形态及其在气生菌丝上的排列方式，随菌种不同而异，是链球菌菌种鉴定的重要依据。孢子丝的形状中，螺旋状的孢子丝较为常见，其螺旋的松紧、大小、螺数和螺旋方向因菌种而异。

孢　子

孢子丝发育到一定阶段便分化为孢子。在光学显微镜下，孢子呈圆形、椭圆形、杆状、圆柱状、瓜子状、梭状和半月状等，即使是同一孢子丝分化形成的孢子也不完全相同，因而不能作为分类、鉴定的依据。孢子的颜色十分丰富，表面的纹饰也因种类而异，有的光滑，有的呈褶皱状、疣状、刺状、毛发状或鳞片状。刺有粗细、大小、长短和疏密之分，一般比较稳定，是菌种分类、鉴定的重要依据。孢子的形成方式为横割分裂，横割分裂有 2 种方式：①细胞膜内陷，并由外向内逐渐收缩，最后形成完整的横割膜，将孢子丝分隔成许多无性孢子；②细胞壁和细胞膜同时内缩，并逐步缢缩，最后将孢子丝缢缩成一串无性孢子。

◎ 放线菌在微生物中的分类地位

放线菌在形态上分化为菌丝和孢子，在培养特征上与真菌相似。然而，用近代分子生物学手段研究的结果表明，放线菌是属于一类具有分支状菌丝体的细菌，革兰氏染色为阳性。主要依据为：①同属原核微生物：细胞核无核膜、核仁和真正的染色体；细胞质中缺乏线粒体、内质网等细胞器；核糖体为70S；②细胞结构和化学组成相似，细胞具有细胞壁，主要成分为肽聚糖，并含有DPA；放线菌菌丝直径与细菌直径基本相同；③最适生长pH值范围与细菌基本相同，一般呈微碱性；④都对溶菌酶和抗生素敏感，对抗真菌药物不敏感；⑤繁殖方式为无性繁殖，遗传特性与细菌相似。

支原体

支原体，又称霉形体，为目前发现的最小最简单的原核生物。支原体细胞中唯一可见的细胞器是核糖体（支原体是原核细胞，原核细胞的细胞器只有核糖体）。

◎ 发 现

支原体是在1898年发现的，是一种简单的原核生物。其大小介于细菌和病毒之间。结构也比较简单，多数呈球形，没有细胞壁，只有3层结构的细胞膜，故具有较大的可变性。支原体可以在特殊的培养基上接种生长，用此法配合临床进行诊断。与泌尿生殖系统感染有关的主要是分解尿素支原体和人型支原

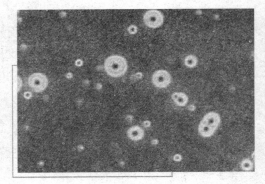

支原体

体两种，有20%~30%的非淋菌性尿道炎的病人，是由以上两种支原体引起的，其是非淋菌性尿道炎及宫颈炎的第二大致病菌。据统计，女性的支原体感染率更高些，说明女性的生殖道比男性生殖道更易生长支原体。另外，分

解尿素支原体的感染率要比人型支原体的感染率为高。

◎ 性　状

形态与结构

支原体的大小为 0.2 ~ 0.3 微米，可以通过滤菌器，常给细胞培养工作带来污染的麻烦。无细胞壁，不能维持固定的形态而呈现多形性。革兰氏染色不易着色，故常用 Giemsa 染色法将其染成淡紫色。细胞膜中胆固醇含量较多，约占 36%，对保持细胞膜的完整性具有一定作用。凡能作用于胆固醇的物质（如二性霉素 B、皂素等）均可以引起支原体膜的破坏而使支原体死亡。

支原体基因组为一环状双链 DNA，分子量小（仅有大肠杆菌的 1/5），合成与代谢很有限。

肺炎支原体的一端有一种特殊的末端结构，它能使支原体黏附于呼吸道黏膜上皮细胞表面。

培养特性

营养要求比一般细菌高，除基础营养物质外还需要加入 10% ~ 20% 人或动物血清以提供支原体所需的胆固醇。最适宜的 pH 值为 7.8 ~ 8.0，低于 7.0 则死亡，但解脲脲原体最适 pH 值为 6.0 ~ 6.5。

大多数兼性厌氧，有些菌株在初分离时加入 5% 二氧化碳会生长得更好。生长缓慢，在琼脂含量较少的固体培养基上孵育 2 ~ 3 天出现典型的"荷包蛋样"菌落：圆形（直径 10 ~ 16 微米），核心部分较厚，向下长入培养基，周边为一片薄的透明颗粒区。此外，支原体还能在鸡胚绒毛尿囊膜或培养细胞中生长。

繁殖方式多样，主要为二分裂繁殖，还有断裂、分枝、出芽等方式，因缺乏细胞壁造成分裂时两个子细胞大小不均。同时，支原体分裂和其 DNA 复制不同步，可形成多核长丝体。

知识小链接

胆固醇

胆固醇又称胆甾醇，一种环戊烷多氢菲的衍生物。早在 18 世纪人们已从胆石中发现了胆固醇，1816 年化学家本歇尔将这种具有脂类性质的物质命名为胆固醇。胆固醇广泛存在于动物体内，尤其以脑及神经组织中最为丰富，在肾、脾、皮肤、肝和胆汁中含量也高。其溶解性与脂肪类似，不溶于水，易溶于乙醚、氯仿等溶剂。胆固醇是动物组织细胞所不可缺少的重要物质，它不仅参与形成细胞膜，而且是合成胆汁酸、维生素 D 以及甾体激素的原料。

生化反应与分类

一般能分解葡萄糖的支原体则不能利用精氨酸，能利用精氨酸的则不能分解葡萄糖，据此可以将支原体分为两类。解脲脲原体不能利用葡萄糖或精氨酸，但可以利用尿素作为能源。

各种支原体都有特异的表面抗原结构，很少有交叉反应，具有型特异性。应用生长抑制试验、代谢抑制试验等可以鉴定支原抗原，并进行分类。

抵抗力

支原体对热的抵抗力与细菌相似。对环境渗透压敏感，渗透压的突变可导致细胞破裂。对重金属盐、石炭酸、来苏尔和一些表面活性剂较细菌敏感，但对醋酸铊、结晶紫和亚锑酸盐的抵抗力比细菌大。对影响细胞壁合成的抗生素如青霉素不敏感，但对红霉素、四环素、链霉素及氯霉素等作用于支原体核蛋白体的抗生素，可以抑制或影响其蛋白质合成，具有杀灭支原体的作用。

致病性与免疫性

支原体不侵入机体组织与血液，而是在呼吸道或泌尿生殖道上皮细胞黏附并定居后，通过不同机制引起细胞损伤，例如，获取细胞膜上的脂质与胆固醇造成膜的损伤，释放神经（外）毒素、磷酸酶及过氧化氢等。

在儿童中，致敏淋巴细胞可增强机体对肺炎支原体的抵抗力。

基本小知识

抵抗力

抵抗力是指在中枢神经系统的控制下，人体的各个系统分工合作，密切配合，保证人体生命活动正常进行的能力。其中免疫系统是一个非常重要的组成部分。免疫系统的主要功能是防御外界病原微生物的侵入，避免引起各种疾病。实际上，人体的这种防御能力就是抵抗力。

◀ 真　菌

真菌一词源于拉丁文，原意是"蘑菇"。真菌是生物界中很大的一个类群，按照两界分类系统，人们通常将真菌门分为鞭毛菌亚门、接合菌亚门、子囊菌亚门、担子菌亚门和半知菌亚门。其中，担子菌亚门是一群多种多样的高等真菌，多数种类具有食用和药用价值，如银耳、金针菇、

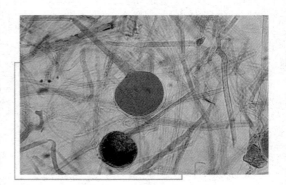

真　菌

竹荪、牛肝菌、灵芝等，但也有豹斑毒伞、马鞍、鬼笔蕈等有毒种。另外，半知菌亚门中约有 300 属是农作物和森林病害的病原菌，还有些属是能引起人类和一些动物皮肤病的病原菌，如稻瘟病菌，可以引起苗瘟、节瘟和谷里瘟等。真菌是具有细胞核和细胞壁的异养生物。其种属很多，已报道的属达 1 万以上，种超过 10 万个。其营养体除少数低等类型为单细胞外，大多是由纤细管状菌丝构成的菌丝体。低等真菌的菌丝无隔膜，高等真菌的菌丝都有隔膜，前者称为无隔菌丝，后者称为有隔菌丝。在多数真菌的细胞壁中最具特征性的是含有甲壳质，其次是纤维素。常见的真菌细胞器有：线粒体、微体、核糖体、液泡、溶酶体、泡囊、内质网、微管、鞭毛等；常见的内含物有肝糖、晶体、脂体等。

你知道吗

菌丝体

单一丝网状细胞称为菌丝，菌丝集合在一起构成一定的宏观结构称为菌丝体。肉眼可以看见菌丝体，如长期储存的橘子皮上长出的蓝绿色绒毛状真菌，放久的馒头或面包上长出来的黑色绒毛状真菌。在固体培养基上霉菌的菌丝分化为营养菌丝和气生菌丝。

真菌通常又分为 3 类，即酵母菌、霉菌和蕈菌（大型真菌），它们归属于不同的亚门。大型真菌是指能形成肉质或胶质的子实体或菌核，大多数属于担子菌亚门，少数属于子囊菌亚门。常见的大型真菌有香菇、草菇、金针菇、双孢蘑菇、平菇、木耳、银耳、竹荪、羊肚菌等。它们既是一类重要的菌类蔬菜，又是食品和制药工业的重要资源。

真菌的细胞既不含叶绿体，也没有质体，是典型的异养生物。它们从动物、植物的活体、死体和它们的排泄物，以及断枝、落叶和土壤腐殖质中吸收和分解其中的有机物，作为自己的营养。真菌的异养方式有寄生和腐生。

真菌常为丝状和多细胞的有机体，其营养体除大型菌外，分化很小。高等大型菌有定型的子实体。除少数例外，真菌都有明显的细胞壁，通常不能运动，以孢子的方式进行繁殖。

◎ 真菌的营养体

　　真菌营养生长阶段的结构称为营养体。绝大多数真菌的营养体都是可以分枝的丝状体，单根丝状体称为菌丝。许多菌丝在一起统称菌丝体。菌丝体在基质上生长的形态称为菌落。菌丝在显微镜下观察时呈管状，具有细胞壁和细胞质，无色或有色。菌丝可以无限生长，但直径是有限的，一般为 2～30 微米，最大的可达 100 微米。低等真菌的菌丝没有隔膜称为无隔菌丝，而高等真菌的菌丝有许多隔膜，称为有隔菌丝。此外，少数真菌的营养体不是丝状体，而是无细胞壁且形状可变的原质团或具有细胞壁的、卵圆形的单细胞。寄生在植物上的真菌往往以菌丝体在寄主的细胞间或穿过细胞扩展蔓延。

广角镜

菌 落

　　生长在固体培养基上，由单个细胞繁殖形成的、肉眼可见的细菌群体。它们将分散的细胞或孢子接种到培养基上，在适宜条件下，使其生长繁殖。由于细胞受到固体培养基表面或深层的限制，子代菌体常以母细胞为中心聚集在一起，形成具有一定形态结构的子细胞群体。

　　当菌丝体与寄主细胞壁或原生质接触后，营养物质因渗透压的关系进入菌丝体内。有些真菌如活体营养生物侵入寄主后，菌丝体在寄主细胞内形成吸收养分的特殊机构称为吸器。吸器的形状不一，因种类不同而异，如白粉菌吸器为掌状，霜霉菌为丝状，锈菌为指状，白锈菌为小球状。有些真菌的菌丝体生长到一定阶段可以形成疏松或紧密的组织体。菌丝组织体主要有菌核、子座和菌索等。菌核是由菌丝紧密交织而成的休眠体，内层是疏丝组织，外层是拟薄壁组织，表皮细胞壁厚、色深、较坚硬。菌核的功能主要是抵抗不良环境。但当条件适宜时，菌核能萌发产生新的营养菌丝或从上面形成新的繁殖体。菌核的形状和大小差异较大，通常似绿豆、鼠粪或不规则状。子座是由菌丝在寄主表面或表皮下交织形成的一种垫状结构，有时与寄主组织结合而成。子座的主要功能是形成产生孢子的机构，但也有抵抗不良环境的作用。菌索是由菌丝体平行组成的长条形绳索状结构，外形与植物的根有些相似，所以也称根状菌索。菌索可以抵抗不良环境，也有助于菌体在基质上蔓延。

有些真菌菌丝或孢子中的某些细胞膨大变圆、原生质浓缩、细胞壁加厚而形成厚垣孢子。它能抵抗不良环境，待条件适宜时，再萌发成菌丝。

◎ 真菌的繁殖体

当营养生长进行到一定时期时，真菌就开始转入繁殖阶段，形成各种繁殖体即子实体。真菌的繁殖体包括无性繁殖形成的无性孢子和有性生殖产生的有性孢子。

1. 无性繁殖。无性繁殖是指营养体不经过核配和减数分裂产生后代个体的繁殖。它的基本特征是营养繁殖通常直接由菌丝分化产生无性孢子。常见的无性孢子有3种类型：

（1）游动孢子：形成于游动孢子囊内。游动孢子囊由菌丝或孢囊梗顶端膨大而成。游动孢子无细胞壁，具有1~2根鞭毛，释放后能在水中游动。

（2）孢囊孢子：形成于孢囊孢子囊内。孢子囊由孢囊梗的顶端膨大而成。孢囊孢子有细胞壁，水生型有鞭毛，释放后可以随风飞散。

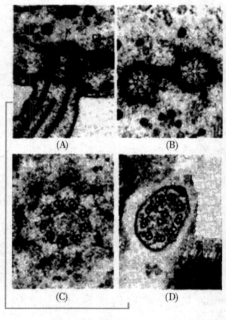

(A)　　(B)

(C)　　(D)

游动孢子

（3）分生孢子：产生于由菌丝分化而形成的分生孢子梗上，顶生、侧生、形状、大小多种多样，单胞或多胞，无色或有色，成熟后从孢子梗上脱落。有些真菌的分生孢子和分生孢子梗还着生在分生孢子果内。孢子果主要有两

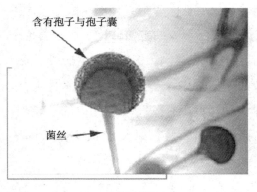

含有孢子与孢子囊

菌丝

孢囊孢子

种类型，即近球形的具孔口的分生孢子器和杯状或盘状的分生孢子盘。

2. 有性生殖。真菌生长发育到一定时期（一般到后期）就进行有性生殖。有性生殖是经过两个性细胞结合后细胞核产生减数分裂产生孢子的繁殖方式。多数真菌由菌丝分化产生性器官即配子囊，通过雌、雄配子囊结合形成有性孢子。其整个过程可分为质配、核配和减数分裂 3 个阶段。第一阶段是质配，即经过 2 个性细胞的融合，两者的细胞质和细胞核（N）合并在同一个细胞中，形成双核期（N＋N）。第二阶段是核配，就是在融合的细胞内两个单倍体的细胞核结合成 1 个双倍体的核（2N）。第三阶段是减数分裂，双倍体细胞核经过 2 次连续的分裂，形成 4 个单倍体的核（N），从而回到原来的单倍体阶段。经过有性生殖，真菌可以产生 4 种类型的有性孢子。

（1）卵孢子：卵菌的有性孢子。它是由两个异型配子囊——雄器和藏卵器接触后，雄器的细胞质和细胞核经授精管进入藏卵器，与卵球核配，最后受精的卵球发育成厚壁的、双倍体的卵孢子。

（2）接合孢子：接合菌的有性孢子。它是由两个配子囊以配子囊结合的方式融合成 1 个细胞，并在这个细胞中进行质配和核配后形成的厚壁孢子。

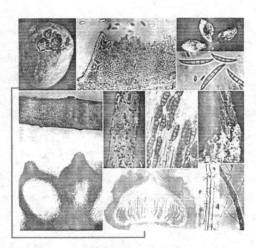

分生孢子

（3）子囊孢子：子囊菌的有性孢子。通常是由 2 个异型配子囊——雄器和产囊体相结合，经质配、核配和减数分裂而形成的单倍体孢子。子囊孢子着生在无色透明、棒状或卵圆形的囊状结构即子囊内。每个子囊中一般形成 8 个子囊孢子。子囊通常产生在具包被的子囊果内。子囊果一般有 4 种类型，即球状而无孔口的闭囊壳，瓶状或球状且有真正壳壁和固定孔口的子囊壳，由于溶解而成的无真正壳壁和固定孔口的子囊腔，以及盘状或杯状的子囊盘。

（4）担孢子：担子菌的有性孢子。通常是直接由"＋""－"菌丝结合形成双核菌丝，以后双核菌丝的顶端细胞膨大成棒状的担子。在担子内的双核经过核配和减数分裂，最后在担子上产生 4 个外生的单倍体担孢子。

此外，有些低等真菌如根肿菌和壶菌产生的有性孢子是一种由游动配子结合成合子，再由合子发育而成的厚壁的休眠孢子。

知识小链接

担孢子

在草菌的发育过程中，其菌丝的分化可明显地分成 5 个阶段：①形成一级菌丝：担孢子萌发，形成由许多单核细胞构成的菌丝，称一级菌丝；②形成二级菌丝：不同性别的一级菌丝发生接合后，通过质配形成了由双核细胞构成的二级菌丝，它通过独特的"锁状联合"，即成喙状突起而连合两个细胞的方式不断使双核细胞分裂，从而使菌丝尖端不断向前延伸；③形成三级菌丝：到条件合适时，大量的二级菌丝分化为多种菌丝束，即为三级菌丝；④形成子实体：菌丝束在适宜条件下会形成菌蕾，然后再分化、膨大成大型子实体；⑤产生担孢子：子实体成熟后，双核菌丝的顶端膨大，其中的两个核融合成一个新核，此过程称为核配，新核经两次分裂（其中有一次为减数分裂），产生 4 个单倍体子核，最后在担子细胞的顶端形成 4 个独特的有性孢子，即为担孢子。

◎ 真菌的起源和演化

关于真菌的起源和演化主要有两种看法：①真菌是由藻类演化而来。这些藻类因丧失色素而从自养变成异养，生理的变化引起了形态的改变。②除卵菌来自藻类外，其余的真菌来自原始鞭毛生物。

真菌是一种丰富的自然资源。人和动物每年消耗大量的真菌菌体和子实体；真菌也是重要的药材。真菌的某些代谢产物在工业上具有广泛用途，如乙醇、柠檬酸、甘油、酶制剂、甾醇、脂肪、塑料、促生素、维生素等。而且这些东西都能进行大规模的生产。在真菌的腐解作用中，它使许多重要化学元素得以再循环。真菌直接或间接地影响着地球生物圈的物质循环和能量转换。

真菌有以下几种：

霉 菌

霉菌亦称"丝状菌"，体呈丝状，丛生，可产生多种形式的孢子。多腐生。它种类很多，常见的有根霉、毛霉、曲霉和青霉等。霉菌可用以生产工业原料（柠檬酸、甲烯琥珀酸等），进行食品加工（酿造酱油等），制造抗菌素（如青霉素、灰黄霉素）和生产农药（如"920"、白僵菌）等。但也可以引起工业原料和产品以及农林产品发霉变质。

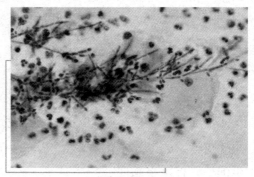

霉 菌

另有一小部分霉菌可引起人与动植物的病害，如头癣、脚癣及番薯腐烂病等。

酵母菌

酵母菌体呈圆形、卵形或椭圆形，内有细胞核、液泡和颗粒体物质，通

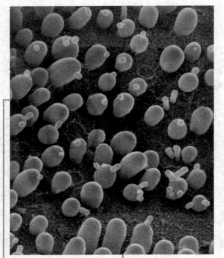

常以出芽繁殖；有的能进行二等分分裂；有的种类能产生子囊孢子。广泛分布于自然界，尤其在葡萄及其他各种果品和蔬菜上更多。是重要的发酵素，能分解碳水化合物产生酒精和二氧化碳等。生产上常用的有面包酵母、饲料酵母、酒精酵母和葡萄酒酵母等。有些能合成纤维素供医药使用，也有用于石油发酵的。

酵母菌

啤酒酵母

啤酒酵母属酵母菌属。细胞呈圆形、卵形或椭圆形，以出芽方式繁殖，能形成子囊孢子。在发酵工业上，可用来发酵生产酒精或药用酵母，也可以通过菌体的综合利用提取凝血质、麦角固醇、卵磷脂、辅酶甲与细胞色素丙等产物。

红曲霉素

红曲霉素属于囊菌纲，曲霉科。菌丝体紫红色。无性生殖时，菌丝分枝顶端形成单独的或一小串球形或梨形的分生孢子。有性生殖时，产生球形、橙红色的闭囊果，内生含有 8 个子囊孢子的子囊。红曲霉可制造红曲、酿制红乳腐和生产糖化酶等。

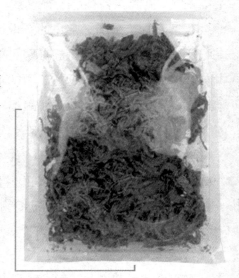

假丝酵母

假丝酵母属能形成假菌丝、不产生

红曲霉素

子囊孢子的酵母。不少的假丝酵母能利用正烷烃为碳源进行石油发酵脱蜡，并产生有价值的产品。其中氧化正烷烃能力较强的假丝酵母多是解脂假丝酵母或热带假丝酵母。有些种类可用作饲料酵母；个别种类能引起人或动物的疾病。

白色念珠菌

白色念珠菌亦称"白色假丝酵母"。它是一种呈椭圆形、行出芽繁殖的假丝酵母。通常存在于正常人的口腔、肠道、上呼吸道等处，能引起鹅口疮等口腔疾病或其他疾病。

黄曲霉群

黄曲霉群属半知菌类，黄曲霉群的一种常见腐生真菌，多见于发霉的粮食、粮食制品或其他霉腐的有机物上。菌落生长较快，结构疏松，表面黄绿色，背面无色或略呈褐色。菌体由许多复杂的分枝菌丝构成。营养菌丝具有分隔；气生菌丝的一部分形成长而粗糙的

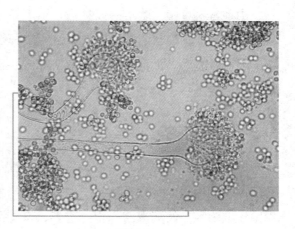

黄曲霉

分生孢子梗，梗的顶端产生烧瓶形或近球形的顶囊，囊的表面产生许多小梗（一般为双层），小梗上着生成串的表面粗糙的球形分生孢子。分生孢子梗、顶囊、小梗和分生孢子合成孢子穗。可用于生产淀粉酶、蛋白酶和磷酸二酯酶等，也是酿造工业中的常见菌种。近年来，发现其中某些菌株会产生引起人、畜肝脏致癌的黄曲霉毒素。早在 6 世纪时，《齐民要术》中就有用"黄衣""黄蒸"两种麦曲来制酱的记载，这两种黄色的麦曲，主要由黄曲霉一类微生物产生的大量孢子和蛋白酶、淀粉酶所组成。

半知菌

半知菌是一群只有无性阶段或有性阶段未发现的真菌。它们当中大多属于子囊菌，有些属于担子菌，只是由于未观察到它们的有性阶段，无法确定分类地位，因此归于半知菌。事实上，一些无性阶段很发达，有性阶段已发现但不常见的子囊菌和担子菌，习惯上也归在半知菌中，故这些真菌有两个学名。

白地霉

白地霉属真菌。菌落平面扩散，组织轻软，乳白色。菌丝生长到一定阶段时，断裂成圆柱状的裂生孢子。菌体生长最适宜的温度为28℃。常见于牛奶和各种乳制品（如酸牛奶和乳酪）中；在泡菜和酱上，也常有白地霉。可用来制造核苦酸、酵母片等。

抗生菌

抗生菌亦称"拮（颉）抗菌"。能抑制别种微生物的生长发育，甚至杀死别种微生物的一些微生物。其中有的能产生抗菌素，主要是放线菌及若干真菌和细菌等。如链霉菌产生链霉素，青霉菌产生青霉素，多黏芽孢杆菌产生多黏菌素等。

◎ 真菌的相关概念

假菌丝

某些酵母如假丝酵母经出芽繁殖后，子细胞结成长链，并有分枝，称为假菌丝。细胞间连接处较为狭窄，如藕节状，一般没有膈膜。

抗菌素

抗菌素亦称"抗生素"，主要指微生物所产生的能抑制或杀死其他微生物的化学物质，如青霉素、链霉素、金霉素、春雷霉素、庆大霉素等。从某些高等植物和动物组织中也可以提得抗菌素。有些抗菌素，如氯霉素和环丝氨酸，目前主要用化学合成方法进行生产。改变抗菌素的化学结构，可以获得性能较好的新抗菌素，如半合成的新型青霉素。在医学上，广泛地应用抗菌素以

广角镜

抗菌素

抗菌素是一种具有杀灭或抑制细菌生长的药物。天然抗菌素是微生物的代谢产物，其中有一些是肽。抗菌素是细菌、真菌等微生物在生长过程中为了生存竞争需要而产生的化学物质，这种物质可保证其自身生存，同时还可杀灭或抑制其他细菌。抗菌素广泛应用于兽医临床，控制与治疗畜禽感染，对细菌性传染病起到了卓有成效的作用。

治疗许多微生物感染性疾病和某些癌症等。在畜牧兽医学方面，不仅用来防治某些传染病，有些抗菌素还可用以促进家禽、家畜的生长。在农林业方面，可用以防治植物的微生物性病害。在食品工业上，则可用作某些食品的保存剂。

➡️ 异类细胞

◎ 细胞的叛逆者——癌细胞

癌细胞是一种变异的细胞，是产生癌症的病源，癌细胞与正常细胞不同，有无限生长、转化和转移三大特点，也因此难以消灭，所以说它是细胞叛逆者。

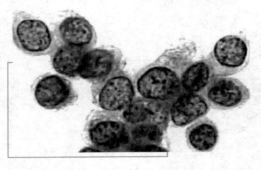

癌细胞

癌细胞由"叛变"的正常细胞衍生而来，经过很多年才长成肿瘤。"叛变"细胞脱离正轨，自行设定增殖速度，累积到 10 亿个以上我们才会察觉。癌细胞的增殖速度用倍增时间计算，1 个变 2 个，2 个变 4 个，以此类推。比如，胃癌、肠癌、肝癌、胰腺癌、食道癌的倍增时间平均是 33 天；乳腺癌倍增时间是 40 多天。由于癌细胞不断倍增，癌症越往晚期发展得越快。

癌细胞的内外潜藏着自身无法克服和无法排除的逆转因素，这是它的特点，也是它的缺点，造就了它的不稳定性。

科学家指出，癌症细胞在转移过程中会遇到很多困难，首先要经过数十次变异，然后要克服细胞间黏附作用脱离出来，并改变形状穿过致密的结缔组织。成功逃逸后，癌症细胞将通过微血管进入血液，在那里它还可能遭到白细胞的攻击。接下来癌细胞将通过微血管进入一个新器官（现被称为"微转移"）。在这里，癌细胞面临着并不友好的环境（称作"微环境"），有些细胞当即死亡，有些分裂数次后死亡，还有一些保持休眠状态，存活率仅为数亿分之一。存活下来的癌细胞能够再生和定植，成为化验中可发现的"肉眼可见转移"。随着转移的发展，它"挤"走了正常的细胞，破坏了器官的功能，最后危及生命。

◎ 为什么会有癌细胞的存在

当代分子生物学的卓绝成就，已经证实了细胞核结构中的 DNA（脱氧核糖核酸）分子在链腱排列上发生了改变时，就能立即向 RNA 发出"遗传信息"的变异电报，于是细胞就发生了癌变，然而，在细胞核中还存在着一种与之特性相反的逆转录酶，这种逆转录酶的作用是使 RNA 再把自己所收到的

DNA 发来的变异电报返送回去，迫使 DNA 恢复正常的复制功能，这样，癌细胞就变成了健康细胞。

癌　变

癌变是通俗说法，具体情况分两种：第一种恶变，指良性肿瘤细胞转化为恶性肿瘤细胞的过程；第二种为癌变，指良性上皮肿瘤细胞转化为癌细胞的过程。

　　人体其实是由一个个细胞组成的社区。每个细胞照章行事，知道何时该生长分裂，也知道怎样和别的细胞组合，形成组织和器官。而构建不同组织的"图纸"，就是基因。

　　现代医学家认为：人人体内都有原癌基因，但不是人人体内都有癌细胞。原癌基因主管细胞分裂、增殖，人的生长需要它。为了"管束"它，人体里还有抑癌基因。平时，原癌基因和抑癌基因维持着平衡，但在致癌因素作用下，原癌基因的力量会变大，而抑癌基因却变得较弱。因此，致癌因素是启动癌细胞生长的"钥匙"，主要包括精神因素、遗传因素、生活方式、某些化学物质等。多把"钥匙"一起用，才能启动"癌症程序"；"钥匙"越多，启动机会越大。

　　癌症起始于一个细胞突变，而人体是由大量体细胞组成的。人的一生大约要进行 10^{16} 次细胞分裂。即使不接触致癌剂，每个基因发生自然突变的概率为 10^{-6}。可以推算出人的一生中每个基因会有 10^{10} 突变概率。由此估计，一个突变细胞中应当有许多与细胞增殖有关的基因发生突变，失去了对细胞增殖的调控能力。然而事实上，人体癌症发病率并没有预想的那样高。由此可见，一次突变并不足以将一个健康的细胞转变为癌细胞。一个细胞癌变要求在一个细胞中发生几次单独的突变，它们共同作用才能诱发细胞癌变。经统计，一个细胞转化需要发生 3~7 次单独的随机突变。

　　虽然癌症起始于一个细胞突变，但是这个突变细胞的后代必须经过几次突变才能形成癌细胞。流行病学的统计表明，癌症的发病率随年龄的增长而提高，而且是以几何级数提高，癌症的发病率是年龄的 3 次方、4 次方甚至 5 次方。癌症的渐进发生过程非一日之寒，需要数年时间，在此期间既有内因的作用，也有外因的诱发，致癌因子需要有剂量累积效应。癌症的发生要有许多因子的共同作用。体内还有免疫监控系统，可以随时消灭癌细胞。因此，许多癌症不是不可避免的。

　　内因我们无法控制，但外因是可以避开的，让我们来看看有哪些外因能够启动原癌基因。

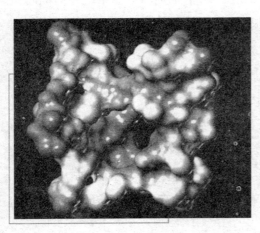

病　毒

　　1. 化学致癌因素：这类因素是目前导致癌症的主要原因，其来源甚广，种类繁多。经考察和动物实验证实有致癌作用的化学物质已发现有千余种，其中与人类关系密切的化学致癌物就有数百种之多。化学物质致癌潜伏期相对较长，对人类危害极大，它广泛存在于食物、生产作业环境、农药、医疗药品之中。人们所熟知的黄霉毒素，在花生、玉米、高粱、大米等许多粮食作物中都有沾染，它具有公认的致癌作用，有明显的致癌力，已被证实可导致肝癌的发生。广泛分布于自然界的亚硝胺类化合物（在腌制过的鱼、肉、鸡中含量较高）和熏烤或烧焦后的食物中（尤其是高蛋白食品，如鱼、肉、蛋类）致癌物的种类和含量剧增，以及受到多环芳烃类化合物、四苯并芘、二甲基苯蒽、二苯蒽等致癌物污染的空气，均会对人体产生影响，严重的会诱发并导致肺癌、鼻咽癌、食管癌、贲门癌、胃癌、肝癌、白血病、膀胱癌、大肠癌、阴囊癌、皮肤癌等。

拓展阅读

病 毒

病毒同所有生物一样，具有遗传、变异、进化的能力，是一种体积非常微小，结构极其简单的生命形式，病毒有高度的寄生性，完全依赖宿主细胞的能量和代谢系统，获取生命活动所需的物质和能量，离开宿主细胞，它只是一个大化学分子，停止活动，可制成蛋白质结晶，为一个非生命体，遇到宿主细胞它会通过吸附、进入、复制、装配、释放子代病毒而显示典型的生命体特征，所以病毒是介于生物与非生物间的一种原始的生命体。

2. 物理致癌因素：物理致癌因素包括灼热、机械性刺激、创伤、紫外线、放射线等。值得高度重视的是，受辐射危害可以来自环境污染，也可以来自医源性辐射。比如多次接受 X 射线照射检查或放射性核素检查可使受检人群患肿瘤的概率增加，若用放射疗法治疗某些疾病，也可诱发某些肿瘤。

3. 生物致癌因素：目前，对这类因素研究较多的是病毒。近代科学研究已证明，有 30 多种动物的肿瘤是由病毒引起的。近来发现人类的某些肿瘤与病毒的关系密切，在一些鼻咽癌、宫颈癌、肝癌、白血病等患者的血清中可以发现有相应病毒的抗体。有资料报道，血吸虫病可能诱发大肠癌、肝癌等。

生活中我们要避免接触致癌因子，珍爱我们的生命。

◎癌细胞大致可分为三大类

1. 鳞癌。它一般起源于鳞状上皮，也可起源于已经发生鳞化的柱状上皮。根据涂片中大多数癌细胞的分化程度，可以把鳞癌分为分化好和分化差两大类。

高分化（角化型）鳞癌。它以类似表层细胞的癌细胞为主，并可见少量中层癌细胞，这些癌细胞分化比较成熟，表现为多形性，如纤维形、蝌蚪形、蛇形等癌细胞，常散在分布。癌细胞胞质角化明显，故称角化型鳞癌。

低分化（非角化型）鳞癌。癌细胞形态类似底层鳞状上皮细胞，少数类似中层鳞状上皮细胞，不出现或很少出现表层癌细胞。癌细胞形态主要为圆形、卵圆形，多数成片脱落，也可单个散在，胞质少、不角化。HE 染色呈暗红色，巴氏染色为暗绿色，核大，核仁清楚。

2. 腺癌。一般起源于柱状上皮和腺上皮。根据癌细胞大小，细胞内的黏液多少，有无形成腺腔样结构，腺癌亦可分为 2 型。

高分化腺癌。常形成腺样排列。癌细胞大，胞质丰富，HE 染色为浅红色，巴氏染色为浅绿色，其中可见黏液空泡。核大，核染色质颗粒粗，染色深，核仁巨大。

低分化腺癌。癌细胞小、胞质少，嗜碱性，黏液空泡少见。癌细胞常成团脱落，排列紧密，形成桑葚样结构。核小偏位，边缘胞质隆起。核染色质较粗，核仁小。

3. 小细胞型未分化癌。一般认为起源于支气管上皮的嗜银细胞，可产生多肽类激素而引起内分泌症状，故属于神经内分泌肿瘤。癌细胞小，圆形、卵圆形或瓜子形。胞质极少，细胞核约比淋巴细胞大半倍到一倍，核畸形明显，染色深，癌细胞排列紧密而不重叠，成片出现时，往往呈镶嵌样结构；单行排列时呈束状。这是未分化癌的特征性表现。

◎ 七十二变的干细胞

一架客机刚刚停稳，扶梯上就急匆匆走下两位穿白衣的人，他们边走边护着一只方盒，向早已等候在跑道边的救护车疾步走去。汽车载着白衣人风驰电掣般地行驶在大街上，不一会儿就到了医院，前来迎接的医生紧握着白衣人的手说："太感谢！太感谢了！"这是怎么回事呀？原来，一位名叫小兰的女孩得了白血病，需要进行骨髓移植，但女孩的血型很特别，在上千万人里才能找到一个血型相符的。医院在国际互联网上发出求援信息，终于找到救命的骨髓。白血病又叫血癌，是由于红骨髓里的造血干细胞发生基因突变，产生过量的白细胞，破坏了血液正常功能形成的一种癌症。小兰被注入骨髓后，很快就康复出院了。

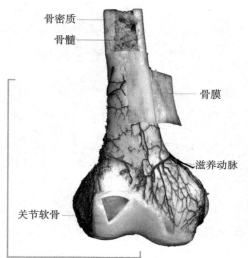

骨密质
骨髓
骨膜
滋养动脉
关节软骨

骨　髓

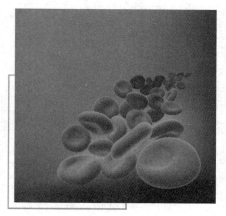

红细胞

　　人的血液中有红细胞、白细胞和血小板三种血细胞，它们有固定的比例，分别完成运送氧气、消灭病菌和小血管破裂出血后血液凝固的任务。血细胞每天要大量死亡，就靠红骨髓里的造血母细胞分裂生成新的血细胞补充。生物学上称这种能生出新细胞的母细胞为干细胞。

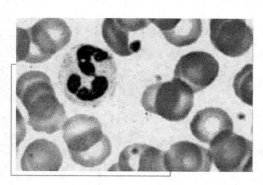

白细胞

　　科学家曾做过这样的实验：将一只小白鼠的肝脏切去2/3，不到一个月，肝脏里的干细胞就分裂增生长出完好如初的肝脏。血液中的红细胞每天要死去成千上万，120天更新一遍，靠的就是骨髓中的干细胞；表皮细胞不断死亡，又不断长出新的，因为皮肤下有干细胞，但是，在手臂上割去一块肉，就不能恢复，因为肌肉组织中没有干细胞。

身体各处的干细胞，大多处在休眠状态，只有骨髓、精巢和卵巢、皮肤等处的干细胞一直在活动。因为它们关系生命存亡和延续后代的大事，是不能停止活动的。生理学家认为，发育着的胚胎都是干细胞，它们能不断分裂分化，变成皮肤、肌肉、神经、血细胞等。但一到胚胎发育成熟，成为胎儿，就失去了

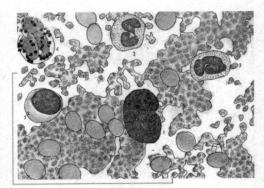

血小板

干细胞的特性，只有骨髓、生殖器官、肝脏和皮肤等器官中仍保留着干细胞。

干细胞是细胞更新、组织修补的原材料，在动物育种、器官移植中神通广大，所以科学家一直想弄清楚干细胞的"秘密"。要研究干细胞，先得把它们从普通细胞中分离出来，但科学家研究了十多年，也没有把干细胞"请"出来。直到1981年，英国有一位科学家才从小鼠的胚中分离出干细胞。一般细胞在体外只能分裂十几代，而干细胞能繁殖百代以上，也不改变遗传的特性。

在对干细胞的研究中，科学家意外地发现，干细胞有发育成多种细胞的本领。例如，红骨髓干细胞不但能变成血细胞，还能变成脑细胞，这项发现在医学上意义重大，它能用到器官的再造和移植上。例如，一个人的心脏坏了，必须换一颗好的心脏，但得到捐赠的机会是极少的。现在，医学家已初步学会了在体外让干细胞转化的方法，能培养出血细胞、肌肉、肌腱、软骨等组织。

我们再来系统地了解一下干细胞。

干细胞是一类具有自我更新和分化潜能的细胞。它包括胚胎干细胞和成体干细胞。干细胞的发育受多种内在机制和微环境因素的影响。目前人类胚胎干细胞已可以成功地在体外培养。最新研究发现，成体干细胞可以横向分化

为其他类型的细胞和组织，为干
细胞的广泛应用提供了基础。在
胚胎的生长发育中，单个受精卵
可以分裂发育为多细胞的组织或
器官。在成年动物中，正常的生
理代谢或病理损伤也会引起组织
或器官的修复再生。胚胎的分化
形成和成年组织的再生是干细胞
进一步分化的结果。胚胎干细胞
是全能的，具有分化为几乎全部
组织和器官的能力。而成年组织
或器官内的干细胞一般认为具有
组织特异性，只能分化成特定的
细胞或组织。

　　然而，这个观点目前受到了
挑战。

拓展阅读

胚胎干细胞

　　胚胎干细胞是早期胚胎（原肠胚期之前）或原始性腺种分离出来的一类细胞，它具有体外培养无限增殖、自我更新和多向分化的特性。无论在体外还是体内环境，胚胎干细胞都能被诱导分化为机体几乎所有的细胞类型。胚胎干细胞研究在美国一直是一个颇具争议的领域，支持者认为这项研究有助于根治很多疑难杂症，是一种挽救生命的慈善行为，是科学进步的表现。而反对者则认为，进行胚胎干细胞研究就必须破坏胚胎，而胚胎是人尚未成形时在子宫的生命形式。

　　最新的研究表明，组织特异性干细胞同样具有分化成其他细胞或组织的潜能，这为干细胞的应用开创了更广泛的空间。

造血干细胞

　　造血干细胞是体内各种血细胞的来源之一，它主要存在于骨髓、外周血、脐带血中。造血干细胞的移植是治疗血液系统疾病、先天性遗传疾病以及多发性和转移性恶性肿瘤疾病的最有效方法。

　　在临床治疗中，造血干细胞应用较早，在20世纪50年代，临床上就开始应用骨髓移植方法来治疗血液系统疾病。到20世纪80年代末，外周血干细胞移植技术逐渐推广开来，绝大多数为自体外周血干细胞移植，在提高治

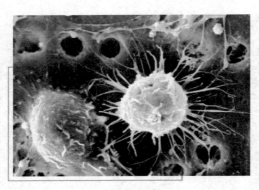

造血干细胞

疗有效率和缩短疗程方面优于常规治疗，且效果令人满意。与两者相比，脐血干细胞移植的长处在于无来源的限制，对配型要求不高，不易受病毒或肿瘤的污染。

2006 年初，东北地区首例脐血干细胞移植成功，这为中国造血干细胞移植技术注入新的活力。随着脐血干细胞移植技术的不断完善，它可能会代替目前外周血干细胞移植的地位，为全世界更多的血液病及恶性肿瘤患者带来福音。

神经干细胞

关于神经干细胞的研究起步较晚，由于分离神经干细胞所需的胎儿脑组织较难取材，加之胚胎细胞研究的争议尚未平息，神经干细胞的研究仍处于初级阶段。理论上讲，任何一种中枢神经系统疾病都可归结为神经干细胞功能的紊乱。脑和脊髓由于血脑屏障的存在使之在干细胞移植到中枢神经系统后不会产生免疫排斥反应，如：给帕金森综合征患者的脑内移植含有多巴胺生成细胞的神经干细胞，可治愈部分患者的症状。除此之外，神经干细胞的功能还可延伸到药物检测方面，对判断药物有效性、毒性有一定的作用。

拓展阅读

神经干细胞

神经干细胞是一类具有分裂潜能和自我更新能力的母细胞，它可以通过不对等的分裂方式产生神经组织的各类细胞。需要强调的是，在脑脊髓等所有神经组织中，不同的神经干细胞类型产生的子代细胞种类不同，分布也不同。

实际上，到目前为止，人们对干细胞的了解仍存在许多盲区。2000年初美国研究人员无意中发现在胰腺中存有干细胞；加拿大研究人员在人、鼠、牛的视网膜中发现了始终处于"休眠状态的干细胞"；有些科学家证实骨髓干细胞可发育成肝细胞，脑干细胞可发育成血细胞。

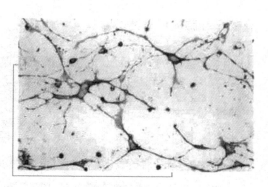

神经干细胞

随着干细胞研究领域的深度和广度不断扩展，人们对干细胞的了解也将更加全面。21世纪是生命科学的时代，也是为人类的健康长寿创造世界奇迹的时代，干细胞的应用将有广阔前景。

肌肉干细胞

肌肉干细胞可发育分化为成肌细胞，后者可互相融合成为多核的肌纤维，形成骨骼肌最基本的结构。

基本小知识

肌纤维

肌纤维呈圆形或多角形，胞核位于纤维的边缘。肌细胞的形状细长，呈纤维状，故肌细胞通常称为肌纤维。肌纤维分红肌纤维与白肌纤维，因外观不同而有红、白不同的称呼。红肌纤维也叫Ⅰ型纤维、慢缩肌纤维、慢氧化纤维；白肌纤维为又称Ⅱ型纤维、快缩肌纤维或快解醣纤维。

干细胞的调控是指给出适当的因子条件，对干细胞的增值和分化进行调控，使之向指定的方向发展。

干细胞的可塑性

越来越多的研究表明，当成体干细胞被移植入受体中，它们表现出很强的可塑性。通常情况下，供体的干细胞在受体中分化为与其组织来源一致的细胞。而在某些情况下干细胞的分化并不遵循这种规律。1999 年研究人员分离出小鼠的肌肉干细胞，体外培养 5 天后，与少量的骨髓间质细胞一起移植入接受致死量辐射的小鼠中，结果发现肌肉干细胞会分化为各种血细胞系。这种现象被称为干细胞的横向分化。关于横向分化的调控机制目前还不清楚。大多数观点认为干细胞的分化与微环境密切相关。可能的机制是干细胞进入新的微环境后，对分化信号的反应受到周围正在进行分化的细胞的影响，从而对新的微环境中的调节信号作出反应。

干细胞研究的意义

分化后的细胞往往由于高度分化而完全丧失了再分化的能力，这样的细胞最终将衰老和死亡。然而，动物体在发育的过程中，体内却始终保留了一部分未分化的细胞，这就是干细胞。干细胞又叫作起源细胞、万用细胞，是一类具有自我更新和分化潜能的细胞。可以这样说，动物体就是通过干细胞的分裂来实现细胞的更新，从而保证动物体持续生长发育的。

你知道吗

桑葚胚

桑葚胚是多细胞动物全裂卵的卵裂期，卵裂球形成团块状时期的胚胎，卵裂腔几乎没有或者很小。桑葚胚因其外形与桑葚相似而得名。桑葚胚时期称为桑葚期。另外桑葚胚这一名称，有的对部分卵裂球处于相同发生阶段的胚胎也有使用。桑葚胚与桑葚囊胚是有区别的。

干细胞根据其分化潜能的大小，可以分为 2 类：全能干细胞和组织干细胞。前者可以分化、发育成完整的动物个体，后者则是一种或多种组织器官的起源细胞。人的胚胎干细胞可以发育成完整的人，所以属于全能干细胞。

　　早在 19 世纪，发育生物学家就知道，卵细胞受精后很快就开始分裂，先是 1 个受精卵分裂成 2 个细胞，然后继续分裂，直至分裂成有 16 至 32 个细胞的细胞团，叫作桑葚胚。这时如果将组成桑葚胚的细胞一一分开，并分别植入到母体的子宫内，则每个细胞都可以发育成一个完整的胚胎。这种细胞就是胚胎干细胞，属于全能干细胞。骨髓、脐带、胎盘和脂肪中则可以获取组织干细胞。每个人的体内都有一些终生与自己相伴的干细胞。但是，人的年龄越大，干细胞就越少。为了弥补干细胞的不足，一些科学家建议从胚胎或胎儿以及其他动物身上获取干细胞进行培养和研究。

　　干细胞的用途非常广泛，涉及医学的多个领域。目前，科学家已经能够在体外鉴别、分离、纯化、扩增和培养人体胚胎干细胞，并以这样的干细胞为"种子"，培育出一些人的组织器官。干细胞及其衍生组织器官的广泛临床应用，将产生一种全新的医疗技术，也就是再造人体正常的甚至年轻的组织器官，从而使人能够用上自己的或他人的干细胞或由干细胞所衍生出的新的组织器官，来替换自身病变的或衰老的组织器官。美国《科学》杂志于 1999 年将干细胞研究列为世界十大科学成就的第一，排在人类基因组测序和克隆技术之前。

　　新加坡某家医院通过脐带血干细胞移植手术，根治了一名因家族遗传而患上严重的地中海贫血症的男童，这是世界上第一例移植非亲属的脐带血干细胞而使患者痊愈的手术。医生们认为，脐带血干细胞移植手术并不复杂，就像给患者输血一样。由于脐带血自身固有的特性，使得用脐带血干细胞进行移植比用骨髓进行移植更加有效。现在，造血干细胞移植技术已经逐渐成为治疗白血病、各种恶性肿瘤放化疗后引起的造血系统和免疫系统功能障碍等疾病的一种重要手段。科学家预言，用神经干细胞替代已被破坏的神经细胞，有望使因脊髓损伤而瘫痪的病人重新站立起来。不久的将来，失明、帕金森氏综合征、艾滋病、老年性痴呆、心肌梗死和糖尿病等绝大多数疾病的患者，都有希望借助干细胞移植手术获得康复。

同胚胎干细胞相比，成人身体上的干细胞只能发育成20多种组织器官，而胚胎干细胞则能发育成几乎所有的组织器官。但是，如果从胚胎中提取干细胞，胚胎就会死亡。因此，伦理道理问题就成为当前胚胎干细胞研究的最大问题之一。美国政府明确反对破坏新的胚胎以获取胚胎干细胞，美国众议院甚至提出全面禁止胚胎干细胞克隆研究的法案。美国的一些科学家则对此提出了尖锐的批评，他们认为，将干细胞用于医学研究，在减轻患者痛苦方面很有潜力。如果浪费这样一个绝好的机会，结果将是悲剧性的。

我国的干细胞研究和应用已经具备了一定的基础，早在20世纪60年代就开始了骨髓干细胞移植方面的研究，目前研究和应用得最多的是造血干细胞。1992年，我国内地第一个骨髓移植非亲属供者登记组在北京成立，"中华骨髓库"也正式接受捐赠。2002年，北京建立了脐带血干细胞库。关于胚胎干细胞的研究，我国目前还没有明确的法律规定。

趣味点击　胚胎工程

胚胎工程是指对动物早期胚胎或配子所进行的多种显微操作和处理技术。它包括体外受精、胚胎移植、胚胎分割移植、胚胎干细胞培养等技术。

随着基因工程、胚胎工程、细胞工程等各种生物技术的快速发展，按照一定的目的，在体外人工分离、培养干细胞已成为可能，利用干细胞构建各种细胞、组织、器官作为移植器官的来源，这将成为干细胞应用的主要方向。

病　毒

千百年来，病毒引起的疾病，一直折磨着人类，人类也不断地与它们斗争着。人类战胜了天花病毒，也将要战胜新型冠状病毒。但有些病毒仍在负隅顽抗。更令人担忧的是，一些过去从未在世界上发生过的传染病也陆续出现，它们大多是由病毒引起的。

　　危害广泛、最普通的病毒之一，就是引起流行性感冒的流感病毒。流感爆发时，几乎每个人都可能被传染，病人发冷、头痛、全身疼痛、体温升高，同时还会引起其他疾病。一些老人、儿童和体弱的人，往往由于感冒引起肺炎而死亡。

　　上世纪，在世界范围内出现过几次流感大流行。第一次世界大战后期，流感席卷全世界，死于流感的人比战争中死亡的人还多。1957 年，流感又肆虐世界，它从东北亚开始，突然南窜，两周后侵袭了所有亚洲国家，接着又在澳大利亚、美洲漫游，最后转移到欧洲。

　　为了预防流感，科学家们努力工作，想方设法制备流感疫苗。但是，流感疫苗发挥的作用是有限的，因为流感病毒与其他病毒不太一样，它发生突变的速度非常快，几乎一年一变。即使对付这次流感病毒的疫苗十分有效，但对下一次流行的病毒却没有效力，即使制备疫苗的速度很快，从流感一开始，就能制出新的疫苗，但当进行接种时，也会过了几个月的时间，为时已晚了。

基本小知识

疫　苗

　　为了预防、控制传染病的发生、流行，用于人体预防接种的疫苗类预防性生物制品是疫苗。生物制品，是指用微生物或其毒素、酶，人或动物的血清、细胞等制备的供预防、诊断和治疗用的制剂。预防接种用的生物制品包括疫苗、菌苗和类毒素。其中，由细菌制成的为菌苗；由病毒、立克次体、螺旋体制成的称为疫苗，有时也统称为疫苗。

　　几十年来，大约每 10 年流感病毒就会发生一次大的改变。1957 年席卷全球的是亚洲型流感病毒，1968 年从香港开始横扫世界的是香港型流感病毒，而 1973 年在澳大利亚和新西兰又出现了澳大利亚型流感病毒。2009 年 N1H1 猪流感病毒又一次席卷全球。谁也说不清，流感病毒什么时候会再次出现，向人们发动又一次攻击。

散布范围广、危害人类大的病毒还有肝炎病毒。它严重地困扰着人类。肝炎病毒有许多种类，因而它们引起的肝炎也分许多类型。甲型肝炎是急性肝炎，它是通过不洁的食物和饮水传染的。病人的粪便污染了食物和水，成为传染媒介，肝炎病毒在水中可以存活几个月。与病人的接触也很容易传染上肝炎。得了甲型肝炎的病人皮肤和眼白变黄、发烧、厌食、全身无力。这种病往往持续1~2个月，严重时也会造成死亡。

乙型肝炎的危害更加严重。1963年，美国医学家首次发现了乙肝病毒。它的直径只有42纳米，只要有1/1000微升受这病毒污染的血液，就足以传染给另一个人。这一小滴血，肉眼是根本看不见的。乙肝病毒非常顽固，60℃的热水煮6小时才能把它杀死，把它放在冰箱的冷冻室里，它可以生存20年。乙型肝炎通过血液和唾液等都能传染，而且传染力特别强。乙肝病毒是在肝脏细胞内慢慢地完成它的破坏作用的，因而引起的是慢性肝炎，有的病人会发展为肝硬化，甚至肝癌。全世界每年因患乙型肝炎死亡的人数多达百万，至少有3.25亿人的身体内携带有乙肝病毒。因此，乙肝病毒是人类的一大敌害，更是对人的生命与健康的严重威胁。

在肝炎病毒猖狂地向人们袭击的时候，一种新的可怕病毒引起的疾病又在迅速地蔓延着，它就是艾滋病。

从1981年起，美国亚特兰大的疾病控制中心陆续收到一些关于特殊疾病的报告。这个疾病控制中心的任务是监视在美国的传染病和其他疾病。它收到的这些报告是关于发生在一些男性体内的疾病：一种由寄生虫引起的肺炎和一种罕见的皮肤肉瘤。

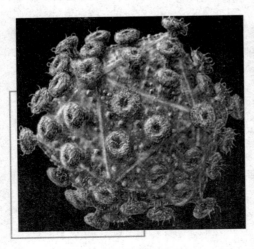

艾滋病病毒

关于这些疾病的报告不断地增加着，到 1981 年底，已有几百个这类病人了。与此同时，全世界的医学家们也在紧张地进行着研究工作。他们首先搞清楚了，这些病人体内的某些淋巴细胞受到了严重破坏，而这些淋巴细胞在抵御细菌和病毒等外来物的侵害中发挥着重要作用。是什么破坏了淋巴细胞？1983 年，科学家们终于找到了元凶——艾滋病病毒。

当艾滋病病毒进入人体的血液或淋巴液后，它们攻击的目标就是某些淋巴细胞。它们进入细胞内，利用细胞内的养料进行繁殖，于是淋巴细胞反而成了艾滋病病毒的制造厂，这样的病毒最终散布全身，破坏各处的淋巴细胞。人体就像一个被缴械的士兵，再也没有什么抵抗能力了。这样，它就为各种各样的病菌、病毒等致病微生物和寄生虫敞开了大门。

艾滋病人在发病初期，如同得了感冒：发烧、淋巴结肿大、嗓子疼痛和肌肉疼痛。以后会发生由寄生虫引起的肺炎和皮肤肉瘤，也会发生像肺结核这样的传染病。目前，这些病人是无药可治的，最后会因为各种疾病而死去。大约 80% 的病人在发病两年后就会陆续死亡。艾滋病病毒是毁灭人类的又一大杀手。

知识小链接

艾滋病病毒

艾滋病病毒又称人类免疫缺陷病毒，顾名思义，它会造成人类免疫系统的缺陷。1981 年，人类免疫缺陷病毒在美国首次被发现。它是一种感染人类免疫系统细胞的慢性病毒，属反转录病毒的一种，是至今无有效疗法的致命性传染病。该病毒破坏人体的免疫能力，使免疫系统失去抵抗力，从而导致各种疾病及癌症得以在人体内生存，发展到最后，导致艾滋病。

艾滋病是通过血液和精液传播的。不良的生活行为，或被输入不洁的血液以及吸毒，都很容易感染上艾滋病。

近年来，艾滋病正在不断扩散，患病人数成倍增加。有些国家已经开设了专门收养患有艾滋病孤儿的托儿所，这些孤儿的父母因艾滋病死去，并把可怕的疾病传染给了自己的孩子。这种病魔在迅速蔓延。如果照这样的速度蔓延下去，艾滋病将是 21 世纪对人类的最大威胁之一。

另外一种让人类胆战心惊的病毒是埃博拉病毒。它引起的疾病比艾滋病还要厉害，病人腹泻、呕吐、虚脱，然后出现内部出血，鼻孔、牙龈和眼球上的血管流血不止。病人十分痛苦，无药可医，一般 10 天之内就可以置病人于死地。只有 1/5 的病人可以存活下来。这种病毒是怎样破坏人的身体的？现在知道的还很少，只知道它主要破坏人的肝脏、脾脏和淋巴。

埃博拉病毒是从哪里来的？1976 年它在非洲国家某些村庄曾猖獗一时，这些村庄依傍着一条名叫埃博拉河的河流，因此，这种病毒就叫埃博拉病毒。传染疾病的很可能是当地的一种长尾猴，这种猴子在当地人的饭桌上是一味美食。

长尾猴

早在 1967 年欧洲也出现过这种病毒，在德国马尔堡等地有几十个人突然出现了一些奇怪的出血症状，医生们束手无策，结果部分人死亡，活下来的人头发全部脱光。后经调查，这些人全都与马尔堡的两个医学实验室做实验用的一种长尾猴接触过。通过研究，确认了这种猴子的身体内有一种丝状病毒。长尾猴身上的病毒也可能是由某种动物感染的。

1994 年，瑞士的一位自然科学家曾在非洲的一个自然公园中解剖过一只死去的黑猩猩，在解剖过程中，她受到了感染，被立即送回本国治疗。幸运的是，因为发现得早，抢救及时，她被治愈了。

1995 年 5 月，埃博拉病毒再次侵袭非洲。它是由到医院做手术的病人带来的，所有给他治过病的医生和护理过他的护士都被感染上病毒而死去。这次疾病流行虽然在当地被控制，没有造成更大范围的传播，但它对人们的震动是很大的。人们认识到，埃博拉病毒虽不能像感冒病毒那样在空气中传播，但晚期的埃博拉病人通过一些简单接触就可以把病毒传染给别人。这种病毒如果蔓延开来，后果将不堪设想。因此，世界卫生组织及时发出了警告，国际上采取了严格的防范措施，才使其得以控制。但埃博拉病毒再次发生的危险却时时存在。

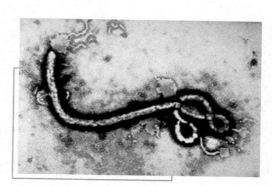

埃博拉病毒

　　引起人类疾病的病毒还有许多，不管它们是有百年历史的，还是新出现的，都对人类的健康构成了巨大的威胁。但杀死人体内部致病病毒的药物还没有发现。战胜这些疾病，还要走很长很长的路。

　　无论是旧有的传染病死灰复燃，还是新的传染病迅速蔓延，都给人类发出了一个又一个的危险信号。

　　在病毒危机面前，人类决不能束手待毙，要振奋精神，像我们的先辈一样，与病菌、病毒等一切致病的微生物展开新一轮的较量。

生命活动的"宽带"
——细胞膜

　　细胞膜是防止细胞外物质自由进入细胞的屏障，它保证了细胞内环境的相对稳定，使各种生化反应能够有序运行。但是细胞必须与周围环境发生信息、物质与能量的交换，才能完成特定的生理功能，因此细胞必须具备一套物质转运体系，用来获得所需物质和排出代谢废物。

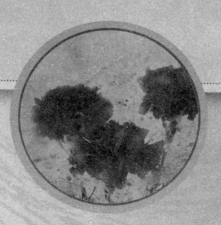

细胞膜的发现

17 世纪中叶以后的两个世纪中，细胞学说的发展史已经大体完成。但是唯独对细胞膜的认识还要再推迟两个世纪。

1855 年，耐格里发现色素透入已损伤和未损伤的植物细胞的情况并不相同。他便通过细胞的渗透特性去研究它的"边界"（他首次把细胞"边界"称为"质膜"）。耐格里和克拉默一起进行实验，通过实验发现细胞具有敏感的渗透特性，它的体积可以随着周围介质的不同渗透强度而改变。当细胞外面的溶质渗透强度大时，细胞就变小；溶质渗透强度小时，细胞就变大。耐格里提出，细胞与环境之间正是通过这种"边界"发生关系的。耐格里在试验中还发现这样的情况：把丽藻属长导管细胞的一端放入水溶液内，另一端放进糖溶液，细胞内含物发生了传动障碍。在水中一端的细胞汁液流向糖溶液中的一端，并带着所有可移动的粒子。可是，原先已知的事实表明，蒸腾作用和渗透压加在一起也不足以将液体压到植物的上部，这两种作用力无法解释植物汁液流动的方向。因而耐格里认为，不得不假设有一股其他的力量，它们在纵壁，更可能在横壁上。这种力量加大了细胞溶液从下往上流动的趋势。此外，德国植物生理学家普费弗对植物细胞的渗透行为进行了大量的试验，并于 1897 年提出了 2 个重要的结论：①细胞是被质膜包被着的；②这层质膜是水和溶质通过的普遍障碍。很快他又发现，细胞膜这个屏障具有明显的选择性，一些物

细胞色素

细胞色素作为电子载体传递电子的方式，是通过其血红素辅基中铁原子的还原态和氧化态之间的可逆变化。任何一类细胞蛋白，在能量转移中起着极为重要的作用。细胞色素可按其吸收的光的波长分为 3 类，已鉴定出至少 30 种不同的细胞色素。

质可以通过它，而另一些物质几乎完全不能通过。1899 年，英国细胞生理学家奥弗顿发表了一系列关于化合物进入细胞的观察结果，他发现分子的极性越大，进入细胞的速度越小，当增加非极性基团（如烷基链）时，化合物进入的速度便加快。奥弗顿的结论是，控制物质进入细胞速度的细胞膜是脂肪性物质，其中含有固醇和其他脂类。因此，当时确立了有一层脂质的膜围绕着细胞的认识。到 1925 年，戈特和格伦德尔又提出脂质膜具有双分子层的概念。

其实，学者们对膜状况的认识都还是假设，他们都未能观察到细胞膜。虽然这个时期组织标本的固定和染色方法有了进展，甚至出现相差显微镜和干涉显微镜，但仍分辨不出细胞膜来。即使最好的光学显微镜也无法达到这个目的。1930—1950 年，随着电子显微镜技术的发展，当应用这项技术来研究细胞时，才发现细胞的边界膜是一个固体结构的实体，从而证实了细胞膜的存在。电镜观察表明，细胞远不是一个具有核和一些漂浮在原生质胶冻中的线粒

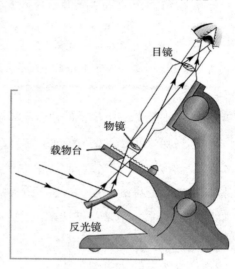

光学显微镜

体口袋，而是一个有膜包被着的许多膜的聚集体。20 世纪 50 年代初期，这种广泛的细胞内膜系统被称为内质网。早期的电镜工作者所观察到的细胞内的各种膜与"有轨电车轨道"和"铁路轨道"的图式大体相似。

◖ 探秘细胞"城墙"

我们可以把细胞膜比喻成细胞的"城墙"。

广角镜

细胞质膜

细胞质膜是指包围在细胞表面的一层极薄的膜，主要由膜脂和膜蛋白所组成。细胞质膜的基本作用是维护细胞内微环境的相对稳定，并参与同外界环境进行物质交换、能量和信息传递。另外，在细胞的生存、生长、分裂、分化中起重要作用。

细胞膜的发现有着重要的意义，我们先来认识一下它。

细胞膜又称细胞质膜。细胞表面的一层薄膜，有时称为细胞外膜或原生质膜。细胞膜的化学组成基本相同，主要由脂类、蛋白质和糖类组成。各成分含量分别为 50%、42% 和 2%～8%。此外，细胞膜中还含有少量水分、无机盐与金属离子等。真核细胞的膜结构占整个细胞干重的 70%～80%。

细胞膜是防止细胞外物质自由进入细胞的屏障，它保证了细胞内环境的相对稳定，使各种生化反应能够有序运行。但是细胞必须与周围环境发生信息、物质与能量的交换，才能完成特定的生理功能。因此细胞必须具备一套物质转运体系，用来获得所需物质和排出代谢废物，据估计，细胞膜上与物质转运有关的蛋白占核基因编码蛋白的 15%～30%，细胞用在物质转运方面的能量达到细胞总消耗能量的 2/3。

细胞膜位于细胞表面，厚度通常为 7～8 纳米。它最重要的特

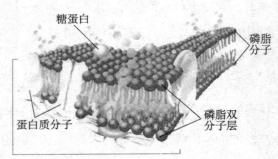

糖蛋白

磷脂分子

蛋白质分子

磷脂双分子层

细胞膜

性是半透性，或称选择透过性，对进出入细胞的物质有很强的选择透过性。细胞膜和细胞内膜系统总称为生物膜，具有相同的基本结构特征。

细胞膜的基本结构包括膜脂、膜蛋白、膜糖。

1. 膜脂。磷脂、胆固醇、糖脂，每个动物细胞质膜上约有 10^9 个脂分子，即每平方微米的质膜上约有 5×10^6 个脂分子。

2. 膜蛋白。细胞膜蛋白质（包括酶）主要以 2 种形式同膜脂质相结合：内在蛋白和外在蛋白两种。内在蛋白以疏水的部分直接与磷脂的疏水部分共价结合，两端带有极性，贯穿膜的内外；外在蛋白以非共价键结合在固有蛋白的外端上，或结合在磷脂分子的亲水头上，如载体、特异受体、酶、表面抗原。占 20%～30% 的表面蛋白质（外周蛋白质）以带电的氨基酸或基团——极性基团与膜两侧的脂质结合；占 70%～80% 的结合蛋白质（内在蛋白质）通过一个或几个疏水的 α-螺旋（20～30 个疏水氨基酸吸收而形成，每圈 3.6 个氨基酸残基，相当于膜厚度。相邻的 α-螺旋以膜内、外两侧直链肽连接）即膜内疏水羟基与脂质分子结合。理论上，镶嵌在脂质层中的蛋白质是可以横向漂浮移位的，因而是随机分布的。可实际上是区域性分布的（这可能与膜内侧的细胞骨架存在对某种蛋白质分子起局限作用有关），以实现其特殊的功能，细胞与环境的物质、能量和信息交换等。

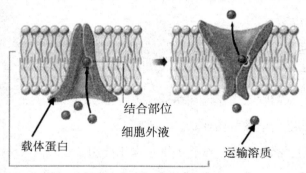

结合部位

细胞外液

载体蛋白

运输溶质

膜蛋白

细胞膜上存在两类主要的转运蛋白，即：载体蛋白和通道蛋白。载体蛋白又称作载体、通透酶和转运器，能够与特定溶质结合，通过自身构象的变化，将与它结合的溶质转移到膜的另一侧，有的载体蛋白需要能量驱动，如：各类 ATP 驱动的离子泵；有的则不需要能量，以自由扩散的方式运输物质，如：缬氨酶素。通道蛋白与所转运物质的结合较弱，它能形成亲水的通道，当通道打开时能允许特定的溶质通过，所有通道蛋白均以自由扩散的方式运输溶质。

3. 膜糖。细胞膜糖类主要是一些寡糖链和多糖链，它们都以共价键的形式和膜脂质或蛋白质结合，形成糖脂和糖蛋白；这些糖链绝大多数是裸露在膜的外面（非细胞质）一侧。单糖排序上的特异性作为细胞或蛋白质的"标志、天线"——抗原决定簇（可识别，与递质、激素等结合）。

介绍到这里我们还是不知道为什么要把细胞膜比作生命活动的宽带。

其实这是由细胞膜的功能和特性决定的。

细胞膜把细胞包裹起来，使细胞能够保持相对的稳定性，维持正常的生命活动。此外，细胞所必需的养分的吸收和代谢产物的排出都要通过细胞膜。所以，细胞膜的这种选择性地让某些分子进入或排出细胞的特性，叫作选择渗透性。这是细胞膜最基本的一种功能。如果细胞丧失了这种功能，细胞就会死亡。

细胞膜除了通过选择性渗透来调节和控制细胞内、外的物质交换外，还能以"胞吞"和"胞吐"的方式，帮助细胞从外界环境中摄取液体小滴和捕获食物颗粒，供应细胞在生命活动中对营养物质的需求。细胞膜也能接收外界信号的刺激使细胞作出反应，从而调节细胞的生命活动。细胞膜不单是细胞的物理屏障，也是在细胞生命活动中有复杂功能的重要结构。

此外，细胞还具有以下功能：

（1）分隔形成细胞和细胞器，为细胞的生命活动提供相对稳定的内环境，膜的面积大大增加，提高了发生在膜上的生物功能；

（2）屏障作用，膜两侧的水溶性物质不能自由通过；

（3）选择性物质运输，伴随着能量的传递；

（4）生物功能：激素作用、酶促反应、细胞识别、电子传递；

（5）物质转运功能：细胞与周围环境之间的物质交换，是通过细胞膜的转运功能实现的。

基本小知识

酶促反应

生物体内的化学反应绝大多数属于酶促反应。酶作为一种生物催化剂在催化一个化学反应时，既具有一般催化剂的特征，又具有不同于一般催化剂的特殊性。

因为细胞膜的结构复杂，功能繁多，我们就不详细介绍了。

总之，在生命系统里整理出秩序的就是细胞膜。生命和非生命最显著的区别就是生命是一个系统的、完整的、自然的信息处理系统，生命现象是信息在同一或不同时空传递的现象。生命进化的实质是信息系统的不断进化，细胞间的通信就如信息时代的宽带一样，便捷快速。随着细胞膜研究的不断深入，会有更多让我们惊讶的事情不断地发生。

▶ 神奇的"膜"

通过研究细胞膜，我们发现细胞膜有诸多功能，那能不能利用这些细胞膜的功能特性造福人类呢？

答案是肯定的。

目前，模拟生物膜已经发展成为一门新技术，并且取得了不少成就。举例来说：载人宇宙飞船飞上天以后，由于宇航员的呼吸作用，座舱里的二氧化碳越积越多，过去是没有什么办法处理的，现在发明了一种人工生物膜，它可以把氧从二氧化碳中分离出来，消除座舱中的二氧化碳。还有，潜水员不带氧气瓶下水，就不能在水下长时间工作。为了解决这个问题，科学家们正在研制一种人工生物膜，现在已经制出了样品，并且用老鼠做了一次试验。老鼠装在用这种膜封闭起来的笼子里沉入水中，居然能照常生活。原来，通过这种膜，水中的氧气可以进入笼中，老鼠呼出的二氧化碳又可以通过这种膜排进水里。氧气可进不可出，而二氧化碳则是可出不可进，你看多么奇妙！也许用不了多少年，潜水员就可以用上这种人工生物膜。

而且人工膜还是转换能量的高手。

提起能源，人们就会想到煤炭、石油等。其实，生物自身也可以产生能量，还能够把一种能转换成另一种能，而且转换效率很高。

为了说明这个问题，我们用磨面这件事做例子：磨面机是由电动机带动的，电是从发电厂送来的，发电机是蒸汽推动的，蒸汽是锅炉里产生的，而锅炉是用煤做燃料的。这个过程就是能量转换过程。

在这个过程中煤的化学能量经过了 3 次转换，每一次转换都要损失一些能量，转换效率大约是 40%。

拓展阅读

腺三磷

腺三磷又称三磷酸腺苷（ATP），是以次黄嘌呤核苷酸为底物，经生物发酵的技术制得的高能化合物，三磷酸腺苷是体内组织细胞一切生命活动所需能量的直接来源，被誉为细胞内能量的"分子货币"，储存和传递化学能，蛋白质、脂肪、糖和核苷酸的合成都需要它参与，可以促使机体各种细胞的修复和再生，增强细胞代谢活性，对治疗各种疾病均有较强的针对性。

人力也能磨面，不过，人的能源物质不是煤而是食物。人吃了食物，经过酶的消化作用变成葡萄糖、氨基酸等，再经过氧化作用，变成一种可以产生能量和储存能量的物质——腺三磷，人想推动磨盘了，腺三磷就放出能量使肌肉收缩，牵引肌腱去推动磨盘。从这个过程中你可以看到：人体把食物的化学能转换成机械能，一次就完成了，转换效率比较高，大约是 80%。

生物转换能量的高效率，引起了科学家们的兴趣，他们模仿人体肌肉的功能，用聚丙烯酸聚合物拷贝成了"人工肌肉"。这种人工肌肉也能把化学能直接转换成机械能。只要配合一定的机械装置，就能提取重物。据实验，一厘米宽的人工肌肉带能提起 100 千克重的物体，这比举重运动员的肌肉还要结实有力！

现在我们常见的白炽灯是热光源，灯丝发光一般要烧到 3000℃，90% 的电能变成热能而白白浪费了，用于发光的电能只占 10%。荧光灯要好一些，但转换效率也不超过 25%。要想提高发光效率，还得向生物学习。例如，萤火虫的发光效率就比白炽灯高好几倍。在萤火虫的腹部有几千个发光细胞，其中含有 2 种物质：萤光素和萤光素酶。前者是发光物质，后者是催化剂。

在萤光素酶的作用下，萤光素跟氧气化合，发出短暂的萤光，变成氧化萤光素。这种氧化萤光素在萤火虫体内腺三磷的作用下，又能重新变成萤光素，重新发光。

萤火虫在发光过程中产生的热极少，绝大部分化学能直接变成了光能，所以它的发光效率非常高。它是一种冷光源。这种冷光源也引起了科学家们的兴趣。他们正在想办法人工合成萤光素和萤光素酶。等到试验成功并且大批生产以后，人们可以把这种冷光源用在矿井里，用在水下工地上，

趣味点击　　　**萤光素酶**

　　萤光素酶是自然界中能够产生生物萤光的酶的统称。在相应的化学反应中，萤光的产生是来自于萤光素的氧化，有些情况下反应体系中也包括三磷酸腺苷（ATP）。

甚至可以把这种发光物质涂在室内的墙壁上，白天接受阳光照射，储存能量，夜晚便可大放光明。

正在研制的用高分子聚碳酸酯与液晶结合而成的液晶膜或人工分离膜已在医药工业得到应用。比如，在医疗中，将薄膜做成胶囊状，把消炎剂放入里面，然后将胶囊埋入发炎部位，胶囊可依据患处发炎而引起的温度变化，及时释放出药剂，以便达到预期的治疗目的和治疗效果。在食品工业方面，利用人工膜可研制出"辨味机器人"的味觉感知器，并可

萤火虫

改进或制造所需的各种食品成分；又如用薄膜技术可浓缩葡萄汁，提高葡萄酒的味质；可制造低盐分酱油，纯化果汁，给食品着色等。这既可改进食品质量，增强人的食欲，又可扩大食品销售市场，提高食品工业的经济效益。

　　脂质人工膜是用脂类由人工制成的膜，作为生物体膜的模型被广泛利用。在脂质，特别是在磷脂分子中有磷酸、碱基等极性的高亲水基因和 2 毫微米左右的脂肪酸残基的疏水基团。因此一经放入水溶液中，亲水基团就朝向水而排列，疏水基团则尽量背离水而聚集，这样就自发地形成了膜。一般说来形成磷脂微胞的临界浓度约为 1^{-10} 摩尔，因为浓度极低，所以一般磷脂几乎没有单个的分子分散在水中。脂质人工膜就是利用磷脂的这种特性而做成的，在很多方面它与活体膜的性质类似。磷脂膜内可能含有胆甾醇、糖脂、中性脂肪等脂类和某种蛋白质。迄今，常用的人工膜可大致分为单分子膜、黑膜、脂质体。单分子膜是在水和空气的界面上形成的膜，分子呈单层排列。黑膜组成水溶液间隔膜的孔道，可用于离子通透性等的测定。脂质体是由双分子层膜构成的闭锁小胞，可用以检查物质的通透性、脂质分子的存在方式等，由于它的制法简便，被广泛使用。因为人工膜全是由脂类组成，所以不可能完全显现活体膜的一切特征。但是对于考察膜上脂质的动态、机能，它却是十分适用的。对活体膜中膜脂质的活泼分子运动等的了解，人工膜具有很大的作用。这些分子运动，照例是在磷脂固有的相变温度以上吸收外界的热量而引起的，此时膜呈液晶状态。在相变温度以下，分子运动受抑制而呈凝胶状态。

运筹帷幄的细胞核

细胞核就像处于细胞中央的一块特区，地位独特而且功能重要。因此，也有人把这块特区比作魔术师不可或缺的道具——"魔法盒"。

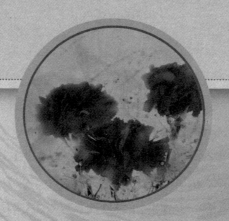

走进"魔法盒"——细胞核

细胞核是什么形状的呢？你会毫不犹豫地说是圆形的。但你错了。还有些细胞核呈现网状和分支状，比如胚乳细胞的细胞核就是网状的。

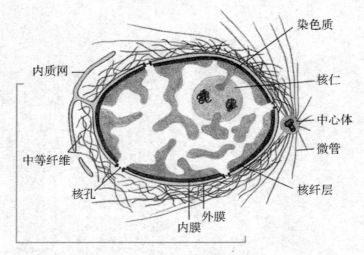

细胞核的结构

一个细胞里只有一个细胞核吗？也不是。一般一个，大多数生物体细胞中都是一个；有的没有，人体内成熟的红细胞；有的多个，植物个体发育过程中的多数胚乳核，人的骨骼肌细胞中的细胞核可达数百个！

且不论这些。我们看一下细胞核的一般结构。

在苏木精——伊红染色切片上，细胞核以其强嗜碱性而成为细胞内最醒目的结构。由于它含有 DNA——遗传信息，因此，借 DNA 复制与选择性转录，细胞核成为细胞增殖、分化、代谢等活动中的关键环节之一。人体绝大多数种类的细胞具有单个细胞核，少数无核、双核或多核。核的形态在细胞周期各阶段不同，间期核的形态在不同细胞中亦相差甚远，但其结构都包括核被膜、染色质、核仁与核基质4部。

核被膜

核被膜使细胞核成为细胞中一个相对独立的体系，使核内形成一相对稳定的环境。同时，核被膜又是选择性渗透膜，起着控制核和细胞质之间的物质交换作用。

核被膜在核表面，由基本平行的内层膜、外层膜构成。两层膜的间隙宽10～15纳米，称为核周隙，也称核周腔。核被膜上有核孔穿通，占膜面积的8%以

广角镜

核被膜

核被膜是真核生物细胞核的最外层结构，由两层膜所组成。它将DNA与细胞质隔开，形成了核内特殊的微环境，保护DNA分子免受损伤；使DNA的复制和RNA的翻译表达在时空上分隔开来；此外染色体定位于核膜上，有利于解旋、复制、凝缩、平均分配到子核，核被膜还是核质物质交换的通道。

上。外核膜表面有核糖体附着，并与粗面内质网相续；核周隙亦与内质网腔相通，因此，核被膜也参与蛋白质合成。内核膜也参与蛋白质合成。内核膜的核质面有厚20～80纳米的核纤层，是一层由细丝交织形成的致密网状结构。成分为中间纤维蛋白，称为核纤层蛋白。核纤层与细胞质骨架、核骨架连成一个整体，一般认为核纤层为核被膜和染色质提供了结构支架。核纤层不仅对核膜有支持、稳定作用，也是染色质纤维细端的附着部位。

核孔是直径50～80纳米的圆形孔。内、外核膜在孔缘相连续，孔内有环与中心颗粒组成核孔复合体。环有16个球形亚单位，孔内、外线各有8个。从位于核孔中心的中心颗粒（又称孔栓）放射状发出细丝与16个亚单位相连。核孔所在处无核纤层。一般认为，水离子和核苷等小分子物质可直接通透核被膜；而RNA与蛋白质等大分子则经核孔出入核，但其出入方式尚不明了。显然，核功能活跃的细胞核孔数量多。成熟的精子几乎无核孔，而卵细胞的核孔极其丰富，成为研究该结构的主要材料。

核被膜 3 个区域各自概要：

1. 核外膜：面向胞质，附有核糖体颗粒，与内质网相连。

2. 核内膜：面向核质，表面上无核糖颗粒，膜上有特异蛋白，为核纤层提供结合位点。

3. 核孔：在内外膜的融合处形成环状开口，又称核孔复合体，直径为 50~100 纳米，一般有几千个，核孔构造复杂，含 100 种以上蛋白质，并与核纤层紧密结合成为核孔复合体。是选择性双向通道。功能是选择性的大分子出入（主动运输），酶、组蛋白、信使 RNA、运转 RNA；存在电位差，对离子的出入有一定的调节控制作用。

染色质

染色质是遗传物质 DNA 和组蛋白在细胞间期的形态表现。在细胞核染色的切片上，染色质有的部分着色浅淡，称为常染色质，是核中进行 RNA 转录的部位；有的部分呈强嗜碱性，称异染色质。电镜下，染色质由颗粒与细丝组成，在常染色质部分呈稀疏，在异染色质则极为浓密。现已证明，染色质的基本结构为串珠状的染色质丝。染色质的结构单体为核小体，直径约 10 纳米，

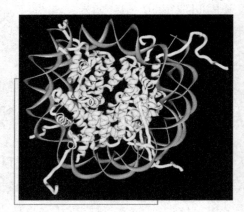

染色质

相邻以 1.5~2.5 纳米的细丝相连，核心由 4 组组蛋白构成，DNA 缠绕在核心的外周，1 个核小体上共有 200 个碱基对，构成染色质丝的一个单位。由 DNA 双股螺旋链规则重复地盘绕，形成大量核小体。核小体为直径约 10 纳米的扁圆球形，核心由 5 种蛋白各 2 个分子组成；DNA 盘绕核心 1.75 周，含 140 个碱基对。DNA 链于相邻核小体间走行的部分称为连接段，含 10~70 个碱基对。这种直径约 10 纳米的染色质丝在其进行 RNA 转录的部位是舒展状

态，即表现为常染色质；而未执行功能的部位则呈螺旋化，形成直径约 30 纳米的染色质纤维，即异染色质。人体细胞核中含 46 条染色质丝，其 DNA 链总长约 1 米，只有以螺旋化状态才能被容纳于直径 4 ~ 5 微米的核中。

基本小知识

染色质

染色质最早是 1879 年提出的用以描述核中染色后强烈着色的物质。现在认为染色质是细胞间期细胞核内能被碱性染料染色的物质。染色质的基本化学成分为脱氧核糖核酸核蛋白，它是由 DNA、组蛋白、非组蛋白和少量 RNA 组成的复合物。

◎ 简述染色体和染色质的区别

染色质和染色体在化学成分上并没有什么不同，只是分别处于不同的功能阶段的不同的构成。染色质是指间期细胞内由 DNA、组蛋白和非组蛋白及少量 RNA 组成的线形复合结构，是间期细胞遗传物质的存在形式。固定染色后，在光镜下能看到细胞核中经许多或粗或细的长丝交织成网的物质，从形态上可以分

趣味点击　异染色质

在细胞周期中，间期、早期或中、晚期，某些染色体或染色体的某些部分的固缩常较其他的染色质早些或晚些，其染色较深或较浅，具有这种固缩特性的染色体称为异染色质。具有强嗜碱性，染色深，染色质丝包装折叠紧密，与常染色质相比，异染色质是转录不活跃部分。

为常染色质和异染色质。常染色质呈细丝状，是 DNA 长链分子展开的部分，非常纤细，染色较淡。异染色质呈较大的深染团块，常附在核膜内面，DNA 长链分子紧缩盘绕的部分。染色体是指细胞在有丝分裂或减数分裂过程中，由染色质缩聚而成的棒状结构。

核 仁

核仁是形成核糖体前身的部位，它经常出现在间期细胞核中，是匀质的球体，其形状、大小、数目依生物种类、细胞形成和生理状态而异。核仁的主要功能是进行核糖体 RNA 的合成。大多数细胞可具有 1～4 个核仁。在合成蛋白旺盛的细胞，核仁多而大。光镜下，核仁呈圆形，并因含大量核蛋白 RNA 而显强嗜碱性。电镜下，核仁由细丝成分、颗粒成分与核仁相随染色质三部分构成。细丝成分与颗粒成分是核蛋白 RNA 与相关蛋白质的不同表现形式，二者常混合组成粗 60～80 纳米的核仁丝，后者盘曲成网架。通常认为，颗粒成分是核糖体亚基的前身，由细丝成分逐渐转变而成，可通过核孔进入细胞质。核仁相随染色质是编码核蛋白 RNA 的 DNA 链的局部。人的第 13、14、15、21 和 22 对染色体的一端有圆形的随体，通过随体柄与染色体其他部分相连。随体柄即为合成核蛋白 RNA 的基因位点，又称核仁组织者区，当其解螺旋进入功能状态时即成为核仁相随染色质，并进一步发展为核仁。理论上人体细胞可有 10 个核仁，但在其形成过程中往往互相融合，因此细胞中核仁一般少于 4 个。

核基质

核基质是核中除染色质与核仁以外的成分，包括核液与核骨架两部分。核液含水、离子等成分；核骨架是由多种蛋白质形成的三维纤维网架，并与核被膜核纤层相连，对核的结构具有支持作用。它的生化构成与其他可能的作用正在研究中。

你知道吗

核基质

核基质亦称核骨架。有广义和狭义两种概念。广义概念认为核基质包括核基质－核纤层－核孔复合体结构体系；狭义概念是指真核细胞核内除去核膜、核纤层、染色质、核仁以外存在的一个由纤维蛋白构成的网架体系。目前较多使用狭义概念。

细胞核的功能

从其结构，我们可以得出细胞核的功能：控制细胞的遗传、生长和发育。德国藻类学家哈姆林的伞藻嫁接试验验证了细胞核是遗传物质携带者。

具体来说，细胞核主要有以下两大功能。

1. 遗传物质储存和复制的场所。从细胞核的结构可以看出，细胞核中最重要的结构是染色质，染色质的组成成分是蛋白质分子和 DNA 分子，而 DNA 分子又是主要遗传物质。当遗传物质向后代传递时，必须在核中进行复制。所以，细胞核是遗传物质储存和复制的场所。

2. 细胞遗传性和细胞代谢活动的控制中心。遗传物质能经复制后传给子代，同时遗传物质还必须将其控制的生物性状特征表现出来，这些遗传物质绝大部分都存在于细胞核中。所以，细胞核又是细胞遗传性和细胞代谢活动的控制中心。例如，英国的克隆绵羊"多利"就是将一只母羊卵细胞的细胞核除去，然后在这个去核的卵细胞中移植进另一个母羊乳腺细胞的细胞核，最后由这个卵细胞发育而成的。"多利"的遗传性状与提供细胞核的母羊一样。这一实例充分说明了细胞核在控制细胞的遗传性和细胞代谢活动方面的重要作用。

➲ 中心法则

生物学著名的中心法则，指遗传信息从 DNA 传递给 RNA，再从 RNA 传递给蛋白质，即完成遗传信息的转录和翻译的过程。也可以从 DNA 传递给 DNA，即完成 DNA 的复制过程。这是所有有细胞结构的生物所遵循的法则。在某些病毒中的 RNA 自我复制（如烟草花叶病毒等）和在某些病毒中能以 RNA 为模板逆转录成 DNA 的过程（某些致癌病毒）是对中心法则的补充。RNA 的自我复制和逆转录过程，在病毒单独存在时是不能进行的，只有寄生到寄主细胞中后才发生。逆转录酶在基因工程中是一种很重要的酶，它能以已知的信使 RNA 为模板合成目的基因。这在基因工程中是获得目的基因的重要手段。

遗传物质可以是 DNA，也可以是 RNA。细胞的遗传物质都是 DNA，只有一些病毒的遗传物质是 RNA。这种以 RNA 为遗传物质的病毒称为反转录病毒，在这种病毒的感染周期中，单链的 RNA 分子在反转录酶的作用下，可以反转录成单链的 DNA，然后再以单链的 DNA 为模板生成双链 DNA。双链DNA 可以成为宿主细胞基因组的一部分，并同宿主细胞的基因组一起传递给子细胞。在反转录酶催化下，RNA 分子产生与其序列互补的 DNA 分子，这种DNA 分子称为互补 DNA，这个过程即为反转录。

由此可见，遗传信息并不一定是从 DNA 单向地流向 RNA，RNA 携带的遗传信息同样也可以流向 DNA。但是 DNA 和 RNA 中包含的遗传信息只是单向地流向蛋白质，迄今为止还没有发现蛋白质的信息逆向地流向核酸。这种遗传信息的流向，就是中心法则的遗传学意义。

任何一种假设都要经受科学事实的检验。反转录酶的发现，使中心法则对关于遗传信息从 DNA 单向流入 RNA 进行了修改，遗传信息是可以在 DNA与 RNA 之间相互流动的。那么，对于 DNA 和 RNA 与蛋白质分子之间的信息流向是否只有核酸向蛋白质分子的单向流动，还是蛋白质分子的信息也可以流向核酸，中心法则仍然肯定前者。可是，病原体朊病毒的行为曾对中心法则提出了严重的挑战。

朊病毒是一种蛋白质传染颗粒，它最初被认识到是羊瘙痒病的病原体。这是一种慢性神经系统疾病，在 200 多年前就已发现。1935 年法国研究人员通过接种发现这种病可在羊群中传染，意味着这种病原体是能在宿主动物体内自行复制的感染因子。朊病毒同时又是人类的中枢神经系统退化性疾病如库鲁病和克－杰氏综合征的病原体，也可引起疯牛病即牛脑的海绵状病变。以后的研究证明，这种朊病毒不是病毒，而是不含核酸的蛋白质颗粒。一个不含 DNA 或 RNA 的蛋白质分子能在受感染的宿主细胞内产生与自身相同的分子，且实现相同的生物学功能，即引起相同的疾病，这意味着这种蛋白质分子也是负载和传递遗传信息的物质。这从根本上动摇了遗传学的基础。

知识小链接

朊病毒

朊病毒就是蛋白质病毒，是只有蛋白质而没有核酸的病毒。1997 年诺贝尔医学奖的获得者美国生物学家斯坦利·普鲁辛纳就是由于研究朊病毒作出卓越贡献而获此殊荣的。朊病毒不仅与人类健康、家畜饲养关系密切，而且可为研究与痴呆有关的其他疾病提供重要信息。

实验证明，朊病毒确实是不含 DNA 和 RNA 的蛋白质颗粒，但它不是传递遗传信息的载体，也不能自我复制，而仍是由基因编码产生的一种正常蛋白质的异构体。

各显神通的细胞器

　　麻雀虽小，五脏俱全。再小的生命都不会只是一个躯壳，哪怕是比麻雀还小的苍蝇，细胞也是如此。

　　细胞的内脏被称为细胞器。在细胞质中，有各种各样的细胞器，它们形态各异，各司其职，共同维系细胞的生命活动。

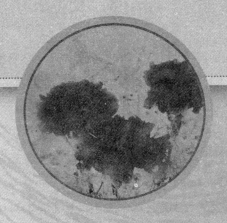

◑ 生产蛋白质的"机器"——核糖体

核糖体是细胞内一种核糖核蛋白颗粒，主要由核糖体 RNA 和蛋白质构成，其唯一功能是按照信使 RNA 的指令将氨基酸合成蛋白质多肽链，所以核糖体是细胞内蛋白质合成的分子机器。

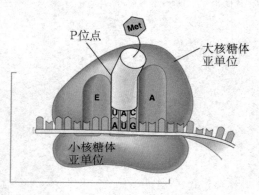

P位点

大核糖体亚单位

E A

U A C
A U G

小核糖体亚单位

核糖体

按核糖体存在的部位可分为 3 种类型：细胞质核糖体、线粒体核糖体、叶绿体核糖体。

按存在的生物类型可分为 2 种类型：真核生物核糖体和原核生物核糖体。

真核细胞质的核糖体，大部分附着在内质网上，也有数量相当多的核糖体散乱地分布在细胞质中。

核糖体在一个细菌体内约有 15 000 个，而其他生物细胞要比这多近 10 倍。

核糖体的功能就是将信使 RNA 上的遗传密码（核苷酸顺序）翻译成多肽链上的氨基酸顺序。因此，它是肽链的装配机，即细胞内蛋白质合成的场所，细胞合成的蛋白质可分为 2 类：外输性蛋白和内源性蛋白。

1. 外输性蛋白：主要在核糖体上合成，分泌到细胞外发挥作用，如抗体蛋白、蛋白类激素、酶原、唾液淀粉酶等，也能合成部分自身结构蛋白，如膜嵌入蛋白、溶酶体蛋白。

2. 内源性蛋白：又称结构蛋白，是指用于细胞本身或组成自身结构的蛋白质，主要是在游离核糖体上合成，如红细胞中的血红蛋白，肌细胞中的肌纤维蛋白。

让我们一起通过讲故事的形式了解一下核糖体合成多肽链的过程。

这个故事叫作印刷蛋白质"文字"。

蛋白质"文字"是由氨基酸"汉字"连缀成文；氨基酸"汉字"由拼音字母——核苷酸分子拼写而成，拼写原则是三个字母连读，代表一种氨基酸；而拼音字母的原稿，贮存在 DNA 的长链中。那么，蛋白质又是如何被印刷的呢？

蛋白质"文字"的印刷，是由"国王"（DNA）、"大臣"（RNA）协同完成的。

为了更进一步了解，我们随一位大臣一同从细胞核到细胞质中专门参观蛋白质文字的印刷工作。

信使大臣 RNA 携带 DNA 转录给它的遗传密码到达细胞质，它是国王的重要大臣，受到化学"公民"们的热烈欢迎和亲切接待。它是一条很长的长链，国王交给它的合成蛋白质的第一手材料，就密藏在它的身体里，许多氨基酸分子将在它的身上生产出蛋白质。它受到化学"公民"们的尊敬和爱戴，那是理所当然的。

译文大臣转运 RNA 有 60 种之多，正好是 20 种氨基酸的 3 倍，平均 3 种运转 RNA 运载一种氨基酸，至于哪一种转运 RNA 能"识别"哪一种氨基酸，这是专一的。现在把转运 RNA 再比喻成检字员的话，这是 60 位出色的检字员，他们到贮藏氨基酸"汉字"的架子上把自己负责运载的氨基酸挑出来。

运转 RNA 是怎样去"识别"氨基酸的呢？

其实这还是一个谜。现在只知道三叶草形的转运 RNA 靠叶柄的一端有"识别"氨基酸的本领，过程是先要 ATP 提供能量把氨基酸激活，还要有一种酶的协助，才能把氨基酸捆绑在转运 RNA 的叶柄一端。

许多转运 RNA 所携带的许多氨基酸"汉字"要根据信使 RNA 携带的密码抄本排版，才能成为流畅的文字。可是氨基酸本身并不知道信使 RNA 链上已给它准备好的位置，如果排错了位置就会有不同的含义。正如"我爱人民"

四个字是一层意思，颠倒成"人民爱我"就是另一层意思了。谁去排定氨基酸的位置呢？这可是翻译大臣的拿手好戏了。

转运 RNA 不仅是出色的检字员，它还是"认识"书稿排字工人呢！它能看懂信使 RNA 链上的密码抄稿，按 3 个字母连读的要求，把所需要的氨基酸排在一定的位置上。

其实这里并没有神秘的地方，就是转运 RNA 的 3 个小叶，其中间小叶的顶端有 3 个反密码子，就像灯泡插在灯座上一样，灯口的大小已有尺寸，只要对接上就是了。

密码子和反密码子的对接，还是按 A 对 U、G 对 C 的规律进行连接的。就像节日里装饰在大楼上的五彩灯泡一样，挂灯泡的电线是信使 RNA 长链，红、黄、蓝、绿……彩色灯是氨基酸，蛋白质长链就是这样一个光彩闪闪的长带。

要把氨基酸排定在信使 RNA 长链上，还要等待生产大臣核蛋白 RNA 的亲自指挥，才能进行这一工作。

当核糖体运转 RNA 附在信使 RNA 长链上的启动部位向一端移动时，才为运转 RNA 携带的氨基酸提供"位点"，换句话说，每当核糖体附着在信使 RNA 某一部位，运转 RNA 才有可能携带氨基酸进入核糖体附着的地方，按反密码的对接规律，把氨基酸排在应在的位置上。核糖体一方面沿信使 RNA 长链缓慢地移动，氨基酸也就一个一个地对号入座，有时几个核糖体同时附着在一条信使 RNA 长链上，像串珠一样缓慢移动，排字印刷的工作也就加快了。一个一个核糖体就像一台一台小印刷机，在运转 RNA 的指挥下，穿针引线，按信使 RNA 的要求，把氨基酸连接成一条长长的肽链。当核糖体移动到信使 RNA 长链的终止信号的密码的地方，也就是读到句号，核糖体自动脱落下来，蛋白质"文字"的印刷就告一段落。这样合成的一条条蛋白质肽链再经过盘旋折叠，就成为一定构型的蛋白质了。丰富多彩的蛋白质"文字"就是这样印刷装订成册的。

◎ 核糖体的异常改变和功能抑制

电镜下，多聚核糖体的解聚和粗面内质网的脱粒都可看作是蛋白质合成降低或停止的一个形态指标。

多聚核糖体的解聚是指多聚核糖体分散为单体，失去正常的有规律的排列，孤立地分散在胞质中或附在粗面内质网膜上。一般认为，游离多聚核糖体的解聚将伴随着内源性蛋白质生成的减少。脱粒是指粗面内质网上的核糖体脱落下来，分布稀疏，散在

拓展阅读

多聚核糖体

多聚核糖体是指合成蛋白质时，多个甚至几十个核糖体串联附着在一条 mRNA 分子上，形成的似念珠状结构。在合成多蛋白质时，核糖体并不是单独工作的，常以多聚核糖体的形式存在。一般来说，mRNA 的长度越长，上面可附着的核糖体数量也就越多。

胞质中，粗面核糖体上解聚和脱离将伴随外输入蛋白合成 。

正常情况下，蛋白质合成旺盛时，细胞质中充满多聚核糖体，粗面核糖体上附有许多念珠线状和螺旋状的多原核糖体，当细胞处于有丝分裂阶段时，蛋白质合成明显下降，多聚核糖体也出现解聚，逐渐为分散孤立的单体所代替。

在急性药物中毒性（四氯化碳）肝炎和病毒性肝炎后，以及肝硬化病人的肝细胞中，经常可见到大量多聚核糖体解聚呈离散单体状，固着多聚核糖体脱落，分布稀疏，导致分泌蛋白合成下降，所以，病人血浆白蛋白含量下降。另外，一些药物、致癌物可直接抑制蛋白质合成的不同阶段，有些抗菌素如链霉素、氯霉素、红霉素等能直接抑制细菌核糖体上蛋白质的合成作用。有的抑制在起始阶段，有的抑制在肽链延长和终止阶段，有的阻止小亚基与信使 RNA 的起始结合，如四环素抑制氨基酰转移 RNA 的结合和终止因子，氯霉素抑制转肽酶阻止肽链形成，红霉素抑制转位酶使其不能相应移位进入

新密码。所以，抗菌素的抗菌作用就是通过干扰细菌蛋白合成而抑制细菌生长来起作用的。

"恪尽职守的搬运工"——内质网

内质网是细胞内的一个精细的膜系统，是交织分布于细胞质中的膜的管道系统。两膜间是扁平的腔、囊或池。内质网分两类，一类是膜上附着核糖

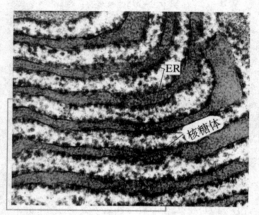

粗面型内质网

体颗粒的叫作粗面型内质网，又称为糙面型内质网或颗粒型内质网，另一类是膜上光滑的，没有核糖体附在上面，叫作滑面型内质网，又称为光面内质网或非颗粒型内质网。粗面型内质网的功能是合成蛋白质大分子，并把它从细胞输送出去或在细胞内转运到其他部位。凡蛋白质合成旺盛的细胞，粗面型内质网便发达。在神经细胞中，粗面型内

质网与记忆有关。滑面型内质网与糖类和脂类的合成、解毒、同化作用有关，并且具有运输蛋白质的功能。

粗面型内质网常见于蛋白质合成旺盛的细胞中。粗面型内质网大多为扁平的囊，少数为球形或管泡状的囊。在靠近核的部分，囊泡可以与核的外膜连接。粗面型内质网的表面所附着的核糖体（也叫核蛋白体核糖）是合成蛋白质的场所，新合成的蛋白质就进入内质网的囊腔内。粗面型内质网既是新合成的蛋白质的运输通道，又是核糖体附着的支架。

滑面型内质网又称为非颗粒性内质网。滑面型内质网的囊壁表面光滑，没有核糖体附着。滑面型内质网的形状基本上都是分支小管及小囊，有时小

管排列得非常紧密，以同心圆形式围绕在分泌颗粒和线粒体的周围。因此，滑面型内质网在切面中所看到的形态，与粗面型内质网有明显的不同。

滑面型内质网与蛋白质的合成无关，可是它的功能却更为复杂，它可能参与糖类和脂类、固醇类激素的合成以及具有分泌等功能。在胃组织的某些细胞的滑面型内质网上曾发现有 cl^- 的积累，这说明它与胃酸的分泌有关。在小肠上皮细胞中，可以观察到它与运输脂肪有关。在心肌细胞和骨骼肌细胞内的滑面型内质网，可能与传导兴奋的作用有关。在平滑肌细胞内，却发现它与 Ca^{2+} 的摄取和释放有关。

基本小知识

固醇类

固醇类是环戊烷多氢菲的衍生物，又称类固醇，属脂类化合物。这类化合物广泛分布于生物界。动物中主要有胆固醇、类固醇激素和胆汁酸。其中又以胆固醇最为重要，它是后两类化合物的前身物。

◎ 粗面型内质网的功能

1. 蛋白质合成

蛋白质都是在核糖体上合成的，并且起始于细胞质基质，但是有些蛋白质在合成开始不久后便转到内质网上合成，这些蛋白质主要有：

（1）向细胞外分泌的蛋白，如抗体、激素。

（2）跨膜蛋白，并且决定膜蛋白在膜中的排列方式。

（3）需要与其他细胞组合严格分开的酶，如溶酶体的各种水解酶。

（4）需要进行修饰的蛋白，如糖蛋白。

蛋白质转入内质网合成至少涉及 5 种成分：

（1）信号肽，又称开始转移序列。

（2）信号识别颗粒，导致蛋白质合成暂停。

（3）SRP 受体，可与 SRP 特异结合。

（4）停止转移序列，肽链上的一段特殊序列，与内质网膜的亲和力很高，能阻止肽链继续进入内质网腔，使其成为跨膜蛋白质。

（5）转位因子。

蛋白质转入内质网合成的过程：

信号肽与 SRP 结合→肽链延伸终止→SRP 与受体结合→SRP 脱离信号肽→肽链在内质网上继续合成，同时信号肽引导新生肽链进入内质网腔→信号肽切除→肽链延伸至终止→翻译体系解散。这种肽链边合成边向内质网腔转移的方式，称为联合翻译。

2. 蛋白质的修饰与加工

3. 新生肽链的折叠、组装和运输

细胞城内的"包装厂"——高尔基体

高尔基体是 1898 年由意大利细胞学家高尔基用银盐法处理猫头鹰的神经细胞时发现的。很长一段时间人们都怀疑它的存在，直到电子显微镜出现后，才证实了它是由内质网延伸而来的。

高尔基体是由光面膜组成的囊泡系统，它由扁平膜囊、大囊泡、小囊泡 3 种基本成分组成。扁平膜囊是一扁平囊状结构，囊腔中央较窄，周边较宽，它们平行排列类似扁盘堆叠结构，形成扁平膜囊堆，亦称高尔基复合体。高尔基复合体只存在于真核细胞中，原核细胞中则无。在一定类型的细胞中，高尔基复合体的位置比较恒定，如外分泌细胞中高尔基体常位于细胞核上方，其反面朝向细胞质膜；神经细胞的高尔基体有很多膜囊堆分散于细胞核的周围。动植物细胞高尔基体中的扁平膜囊数依细胞类型与功能而异，一般为 3 ~ 10 个。高尔基体的主体部分由扁平膜囊堆构成，排列成弓形、半球形或球形。通常显示具极性，有凸面和凹面，膜囊堆凸出面称为形成面，又称顺面或非成熟面；凹面称为分泌面，又称反面或成熟面。在扁平膜囊堆周围有许多小

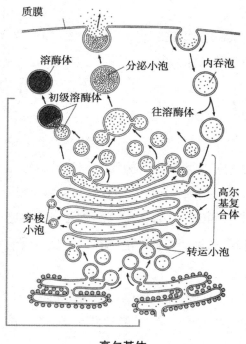

质膜

溶酶体　分泌小泡　内吞泡

初级溶酶体　往溶酶体

穿梭小泡　转运小泡

高尔基复合体

高尔基体

囊泡，直径约为 40～80 纳米。它们较多集中于形成面，靠近内质网的一侧。一般认为小囊泡是由附近内质网芽生而来，其功能可能是将内质网合成的蛋白质运送到高尔基体。大囊泡多见于分泌面，通常认为是由扁平膜囊末端膨大而成，是高尔基体的分泌产物。接近形成面的扁平膜囊膜在形态和染色性质上与内质网膜相似，分泌面扁平膜囊膜的形态和化学组成与质膜相似，高尔基体分布随细胞类型不同而异，外分泌细胞中高尔基体通常位于细胞核上方，其分泌面朝向细胞表面；肝细胞中高尔基体常位于细胞核和毛细胆管之间；在大多数无脊椎动物细胞和植物细胞中存在很多分离的单个膜囊堆组成的分散高尔基体。

高尔基体的化学组成，以老鼠肝部为例，约有 60% 蛋白质和 40% 脂类。凝胶电泳技术检测表明，从内质网经高尔基体到细胞质膜，蛋白质带型的复杂性逐渐降低。其膜脂成分介于内质网和质膜之间。高尔基体含有多种催化糖蛋白、糖脂和磷脂合成的酶类。糖基转移酶是高尔基体特征性的酶，如唾液酸转移酶、

趣味点击　半乳糖

半乳糖是单糖的一种，可在奶类产品或甜菜中找到。半乳糖是一种由六个碳和一个醛组成的单糖，归类为醛糖和己糖。半乳糖是哺乳动物的乳汁中乳糖的组成成分，从蜗牛、蛙卵和牛肺中已发现由 D－半乳糖组成的多糖。它常以 D－半乳糖苷的形式存在于大脑和神经组织中，也是某些糖蛋白的重要成分。

半乳糖转移酶等。

高尔基体的主要功能是将内质网合成的蛋白质进行加工、分类、与包装，然后分门别类地送到细胞特定的部位或分泌到细胞外。

◎ 蛋白质的糖基化

N⁻连接的糖链合成起始于内质网，完成于高尔基体。在内质网形成的糖蛋白具有相似的糖链，由 Cis 面进入高尔基体后，在各膜囊之间的转运过程中，发生了一系列有序的加工和修饰，原来糖链中的大部分甘露糖被切除，又被多种糖基转移酶依次加上了不同类型的糖分子，形成了结构各异的寡糖链。糖蛋白的空间结构决定了它可以和哪一种糖基转移酶结合，发生特定的糖基化修饰。

许多糖蛋白同时具有 N⁻连接的糖链和 O⁻连接的糖链。O⁻连接的糖基化在高尔基体中进行，通常的一个连接上去的糖单元是 N⁻乙酰半乳糖，连接的部位为 Ser、Thr 和 Hyp 的 OH 基团，然后逐次将糖基转移上去形成寡糖链，糖的供体同样为核苷糖，如 UDP－半乳糖。糖基化的结果使不同的蛋白质被打上不同的标记，改变多肽的构象和增加蛋白质的稳定性。

在高尔基体上还可以将一至多个氨基聚糖链通过木糖安装在核心蛋白的丝氨酸残基上，形成蛋白聚糖。这类蛋白有些被分泌到细胞外形成细胞外基质或黏液层，有些锚定在膜上。

◎ 参与细胞分泌活动

高尔基体负责对细胞合成的蛋白质进行加工、分类并运出。其过程是 RER 上合成蛋白质→进入 ER 腔→以出芽形成囊泡→进入 CGN→在培养基 Gdgi 中加工→在 TGN 形成囊泡→囊泡与质膜融合、排出。

高尔基体对蛋白质的分类，依据的是蛋白质上的信号肽或信号斑。

早期根据光镜的观察，已有人提出高尔基体与细胞的分泌活动有关。近年来，运用电镜、细胞化学及放射自显影技术更进一步证实和发展了这个观点。高尔基体在分泌活动中所起的作用，主要是对粗面型内质网运来的蛋白质类物质起着加工（如浓缩或离析）、储存和运输的作用，最后形成分泌泡。当形成的分泌泡自高尔基囊泡上断离时，分泌泡膜上带有高尔基囊膜所含有的酶，还能不断起作用，促使分泌颗粒不断浓缩、成熟，最后排出细胞外。最典型的，如胰外分泌细胞中所形成的酶原颗粒。放射自显影技术证明，高尔基体自身还能合成某些物质，如多糖类。它还能使蛋白质与糖或脂结合成糖蛋白和脂蛋白的形式。在某些细胞（如肝细胞）中，高尔基体还与脂蛋白的合成、分泌有关。

◎ 进行膜的转化功能

高尔基体的膜无论是厚度还是在化学组成上都处于内质网和质膜之间，因此高尔基体在进行着膜转化的功能，在内质网上合成的新膜转移至高尔基体后，经过修饰和加工，形成运输泡与质膜融合，使新形成的膜整合到质膜上。

◎ 将蛋白水解为活性物质

如将蛋白质 N 端或 C 端切除，成为有活性的物质或将含有多个相同氨基序列的前体水解为有活性的多肽，如神经肽。

◎ 参与形成溶酶体

现在一般都认为初级溶酶体的形成过程与分泌颗粒的形成类似，也起自高尔基体囊泡。初级溶酶体与分泌颗粒（主要指一些酶原颗粒），从本质上看具有同一性，因为溶酶体含多种酶（主要是各种水解酶），与酶原颗粒一样，也参与分解代谢物的过程。不同处在于：酶原颗粒是排出细胞外发挥作用，而溶酶体内的酶类主要在细胞内起作用。

◎ 参与植物细胞壁的形成

在高等植物细胞有丝分裂后期，形成细胞壁时，高尔基体数量增加。

◎ 合成植物细胞壁中的纤维素和果胶质

高尔基体普遍存在于植物细胞和动物细胞中。动物细胞中的高尔基体与细胞分泌物形成有关，高尔基体本身没有合成蛋白质的功能，但可以对蛋白质进行加工和转运，因此有人把它比喻成蛋白质的"加工厂"。植物细胞分裂时，高尔基体与细胞壁的形成有关。

知识小链接

果胶质

果胶质是构成高等植物细胞质的物质并使相邻近的细胞壁相连。天然的果胶质又称为原果胶。天然果胶质主要是由 D－半乳糖醛酸以 d－1.4 糖苷键相连形成的直链高分子化合物，其中大部分羧基已形成甲基酯，而不含甲基酯的称为果胶酸。

高尔基体还有其他功能，如在某些原生动物中，高尔基体与调节细胞的液体平衡有关系。

强大的细胞"发动机"——线粒体

线粒体是 1850 年发现的，1898 年被命名。线粒体由两层膜包被，外膜平滑，内膜向内折叠形成嵴，两层膜之间有腔，线粒体中央是基质。基质内含有三羧酸循环所需的全部酶类，内膜上具有呼吸链酶系及 ATP 酶复合体。线粒体是细胞内氧化、磷酸化和形成 ATP 的主要场所，有细胞"动力工厂"之称。另外，线粒体有自身的 DNA 和遗传体系，但线粒体基因组的基因数量有限，因此，线粒体只是一种半自主性的细胞器。

◎ 形态与分布

线粒体一般呈粒状或杆状，因生物种类和生理状态而异，可呈环形、哑铃形、线状、分叉状或其他形状。属于亚显微结构，普通光学显微镜一般无法看到。主要化学成分是蛋白质和脂类，其中蛋白质占线粒体重量的 65%～70%，脂类占 25%～30%。一般直径为 0.5～1.0 微米，长为 1.5～3.0 微米，在胰脏外分泌细胞中可长达 10～20 微米，称巨线粒体。数目一般数百到数千个，植物因有叶绿体的缘故，线粒体数目相对较少；肝细胞约 1300 个线粒体，占细胞体积的 20%；单细胞鞭毛藻仅 1 个，酵母细胞具有一个大型分支的线粒体，巨大变形中达 50 万个；许多哺乳动物成熟的红细胞中无线粒体。线粒体通常结合在维管上，分布在细胞功能旺盛的区域。如在肝细胞中呈均匀分布，在肾细胞中靠近微血管，呈平行或栅状排列，肠表皮细胞中呈两极性分布，集中在顶端和基部，在精子中分布在鞭毛中区。线粒体在细胞质中可以向功能旺盛的区域迁移，微管是其导轨，由马达蛋白提供动力。线粒体，在细胞生物学中是存在于大多数真核生物（包括植物、动物、真菌和原生生物）细胞中的细胞器。一些细胞，如原生生物锥体虫中，只有一个大的线粒体，但通常一个细胞中有成百上千个。细胞中线粒体的具体数目取决于细胞的代谢水平，代谢活动越旺盛，线粒体越多。线粒体可占到细胞质体积的 25%。

线粒体在形态、染色反应、化学组成、物理性质、活动状态、遗传体系等方面，都很像细菌，所以人们推测线粒体起源于内共生。按照这种观点，需氧细菌被原始真核细胞吞噬以后，有可能在长期互利共生中演化形成了现在的线粒体。在进化过程中好氧细菌逐步丧失了独立性，并将大量遗传信息转移到了宿主细胞中，形成了线粒体的半自主性。

这些导致了内共生学说——线粒体起源于内共生体。这种被广泛接受的学说认为，原先独立生活的细菌在真核生物的共同祖先中繁殖，形成今天的线粒体。

这种说法还被应用于科幻小说当中，其中小说《寄生前夜》说的是，在亿万年间，生物都在不停地进化。在生物的体内，直接提供能量的线粒体进化速率快于生物本身，以致现在线粒体已经有了意识，并且拥有强大的力量，甚至可以幻化出人形。

◎ 超微结构

线粒体由内外两层膜封闭，包括外膜、内膜、膜间隙和基质 4 个功能区隔。在肝细胞线粒体中各功能区隔蛋白质的含量依次为：基质 67%，内膜 21%，外膜 8%，膜间隙 4%。

拓展阅读

单胺氧化酶

单胺氧化酶为催化单胺氧化脱氨反应的酶。缩写 MAO，也有称为含黄素胺氧化酶。作用于一级胺及其甲基化的二、三级胺，也作用于长链的二胺。对所谓生物胺，即酪胺、儿茶酚胺、5-羟色胺、去甲肾上腺素、肾上腺素等也有作用。

1. 外膜是包围在线粒体外面的一层单位膜结构，厚 6 纳米，平整光滑。含 40% 的脂类和 60% 的蛋白质，具有孔蛋白构成的亲水通道，允许分子量为 5kD 以下的分子通过，1kD 以下的分子可自由通过，标志酶为单胺氧化酶。外膜上还有一些合成脂的酶以及将脂转变成可进一步在基质中代谢的酶。

2. 内膜含 100 种以上的多肽，蛋白质和脂类的比例高于 3∶1，磷脂含量高（达 20%），缺乏胆固醇，类似于细菌，通透性很低，仅允许不带电荷的小分子物质通过，大分子和离子通过内膜时需要特殊的转运系统。如丙酮酸和焦磷酸是利用 H^+ 梯度协同运输。线粒体氧化磷酸化的电子传递链位于内膜，因此从能量转换角度来说，内膜起主要的作用。内膜的标志酶为细胞色素 C 氧化酶。它是位于外膜内层的一层单位膜结构，厚约 6 纳米。内膜对物质的通透性很低，只有不带电的小分子物质才能通过。内膜向内折褶形成许多嵴，大大增加了内膜的表面积。内膜含有 3 类功能性蛋白：①呼吸链中进行氧化反应的酶；②ATP 合成酶复合物；③一些特殊的运输蛋白，调节基质中代谢物的输出和输入。

3. 膜间隙是内外膜之间的腔隙，延伸至嵴的轴心部，腔隙宽 6 ~ 8 纳米。由于外膜具有大量亲水孔道与细胞质相通，因此膜间隙的 pH 值与细胞质的 pH 值相似。标志酶为腺苷酸激酶。

4. 基质为内膜和嵴包围的空间。除糖酵解在细胞质中进行外，其他的生物氧化过程都在线粒体中进行。催化三羧酸循环、脂肪酸和丙酮酸氧化的酶类均位于基质中，其标志酶为苹果酸脱氢酶。基质具有一套完整的转录和翻译体系。包括线粒体 DNA、70S 型核糖体、转运 RNA、信使 RNA、DNA 聚合酶、氨基酸活化酶等。基质中还含有纤维丝和电子密度很大的致密颗粒状物质，内含 Ca^{2+}、Mg^{2+}、Zn^{2+} 等离子。线粒体内膜向基质折褶形成的结构称作嵴，嵴的形成使内膜的表面积大大增加。嵴有两种排列方式：一种是片状，另一种是管状。在高等动物细胞中主要是片状的排列，多数垂直于线粒体长轴。在原生动物和植物中常见的是管状排列。线粒体嵴的数目、形态和排列在不同种类的细胞中差别很大。一般说需能多的细胞，不仅线粒体多，而且线粒体嵴的数目也多。线粒体内膜的嵴上有许多排列规则的颗粒称为线粒体基粒，每个基粒间相距约 10 纳米。

◎ 线粒体的分裂

线粒体的增殖是通过已有线粒体的分裂，有以下几种形式：

1. 间壁分离，分裂时先由内膜向中心皱褶，将线粒体分为两个，常见于鼠肝中。

2. 收缩后分离，分裂时通过线粒体中部缢缩并向两端不断拉长然后分裂为两个，见于蕨类和酵母线粒体中。

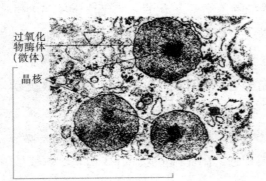

过氧化
物酶体
（微体）

晶核

线粒体增殖

3. 出芽，见于酵母和藓类植物，线粒体出现小芽，脱落后长大，发育为线粒体。

线粒体是对各种损伤最为敏感的细胞器之一。在细胞损伤时最常见的病理改变可概括为线粒体数量、大小和结构的改变：

（1）数量的改变。线粒体的平均寿命约为 10 天。衰亡的线粒体可通过保留的线粒体直接分裂给予补充。在病理状态下，线粒体的增生实际上是对慢性非特异性细胞损伤的适应性反应或细胞功能升高的表现。例如心瓣膜病时的心肌线粒体、周围血液循环障碍伴间歇性跛行时的骨骼肌线粒体的增生现象。

线粒体数量减少则见于急性细胞损伤时线粒体崩解或自溶的情况下，持续约 15 分钟。慢性损伤时由于线粒体逐渐增生，一般不见线粒体减少（甚至反而增多）。此外，线粒体的减少也是细胞未成熟和（或）去分化的表现。

（2）大小改变。细胞损伤时最常见的改变为线粒体肿大。根据线粒体的受累部位可分为基质型肿胀和嵴型肿胀两种类型，而以前者更为常见。基质型肿胀时线粒体变大变圆，基质变浅、嵴变短或变少甚至消失。在极度肿胀时，线粒体可转化为小空泡状结构。此型肿胀为细胞水肿的部分改变。光学显微镜下所谓的浊肿细胞中所见的细颗粒即肿大的线粒体。嵴型肿较少见，此时的肿胀局限于嵴内隙，使扁平的嵴变成烧瓶状乃至空泡状，而基质则更显得致密。嵴型肿胀一般为可复性，但当膜的损伤加重时，可经过混合型而过渡为基质型。

线粒体是对损伤极为敏感的细胞器，其肿胀可由多种损伤因子引起，其中最常见的为缺氧。此外，微生物毒素、各种毒物、射线以及渗透压改变等亦可引起。但轻度肿大有时可能为其功能升高的表现，较明显的肿胀则恒为细胞受损的表现。但只要损伤不过重、损伤因子的作用不过长，肿胀仍可恢复。

线粒体的增大有时是器官功能负荷增加引起的适应性肥大，此时线粒体的数量也常增多，例如见于器官肥大时。反之，器官萎缩时，线粒体则缩小、变少。

（3）结构的改变。线粒体嵴是能量代谢的明显指征，但嵴的增多未必均伴有呼吸链酶的增加。嵴的膜和酶平行增多反映细胞的功能负荷加重，为一种适应状态的表现；反之，如嵴的膜和酶的增多不相平行，则是胞浆适应功能障碍的表现，此时细胞功能并不升高。

在急性细胞损伤时（大多为中毒或缺氧），线粒体的嵴被破坏；慢性亚致死性细胞损伤或营养缺乏时，线粒体的蛋白合成受阻，以致线粒体几乎不再能形成新的嵴。

根据细胞损伤的种类和性质，可在线粒体基质或嵴内形成病理性包含物。这些包含物有的呈晶形或副晶形（可能由蛋白构成），如在线粒体性脑肌病或进行性肌营养不良时所见。有的呈无定形的电子致密物，常见于细胞趋于坏死时，乃线粒体成分崩解的产物（脂质和蛋白质），被视为线粒体不可复性损伤的表现。线粒体损伤的另一种常见改变为髓鞘样层状结构的形成，这是线粒体膜损伤的结果。

衰亡或受损的线粒体，最终由细胞的自噬过程加以处理并最后被溶酶体酶所降解消化。

◎ 线粒体怎样制造能量

我们每时每刻都在呼吸，目的是把氧气吸入体内用于制造生物体可利用的能量分子 ATP。氧气被线粒体利用制造能量的过程如同发电厂燃烧煤发电。

线粒体内有两个主要部件参与能量的制造，一个部件叫作呼吸链，另一个部件叫作三磷酸腺苷酶（简称 ATP 酶）。顾名思义，呼吸链是直接利用氧气把食物燃烧的部件，食物中储存有光合作用固化下来的太阳能，燃烧食物如同发电厂燃煤锅炉的作用，目的是把固化的太阳能释放推动发电机发电。ATP酶本质上是一个可以发电的分子马达，像锅炉燃煤推动发电机转动生成电流一样，固化的太阳能释放出来推动分子马达转动可以制造能量分子ATP。我们每人每天大约消耗相当于体重的能量分子ATP，因此，线粒体不断制造ATP分子是维持生命活力所必需的。

◎ 线粒体与衰老

线粒体是直接利用氧气制造能量的部位，90%以上吸入体内的氧气被线粒体消耗。但是，氧是个"双刃剑"，一方面生物体利用氧分子制造能量，另一方面氧分子在被利用的过程中会产生极活泼的中间体（活性氧自由基）伤害生物体造成氧毒性。生物体就是在不断地与氧毒性进行斗争中求得生存和发展的，氧毒性的存在是生物体衰老的最原初的原因。线粒体利用氧分子的同时也不断受到氧毒性的伤害，线粒体损伤超过一定限度，细胞就会衰老死亡。生物体总是不断有新的细胞取代衰老的细胞以维持生命的延续，这就是细胞的新陈代谢。

◎ 线粒体与美容

保持线粒体完好无损就是保持了细胞的活力，拥有健康的肌肤细胞就是留住了青春。这个道理只有细细地品味，才能从中受益。皮肤细胞的新陈代谢就是皮肤自然的更新过程，新陈代谢旺盛细胞更新速率就快，总有一些新生的细胞出现在脸上，才有美丽青春的魅力。

"消化器"和"清除机"——溶酶体

溶酶体是具有一组水解酶并起消化作用的细胞器。德迪夫在老鼠的肝脏中得到含有水解酶的颗粒分区，并以可进行水解的小体这个意义而将其命名为溶解体。溶酶体中的酶是酸性磷酸酶、核糖核酸酶、脱氧核糖核酸酶、组织蛋白酶、芳基硫酸醋酶、β－葡糖苷酸酶、乙酰基转移酶等，是在酸性区域具有最适pH值的水解酶组。据电子显微镜观察，溶酶体是由 6～8 微米厚的单层膜所包围的直径为 0.4

你知道吗

水解酶

水解酶是催化水解反应的一类酶的总称（如胰蛋白酶就是水解多肽链的一种水解酶），也可以说它们是一类特殊的转移酶，用水作为被转移基团的受体。

微米至数微米的颗粒或小泡。因为其形态极其多样化，所以把对酸性磷酸酶活性为阳性的物质鉴定为溶酶体。

　　溶酶体可分为两大类，具有均质基质的颗粒状溶酶体称为初级溶酶体，含有复杂的髓磷脂样结构的液泡状溶酶体称为次级溶酶体。属于初级溶酶体的溶酶体，具有肝实质细胞（肝细胞）的高电子密度的颗粒等。这种溶酶体虽含有水解酶，但是它是未进行消化作用的溶酶体。次级溶酶体（消化泡）是由初级溶酶体与细胞吞噬作用所产生的吞噬体相互融合而成的，并且是已供给水解酶的溶酶体。在次级溶酶体中含有摄食的物质，并对其进行消化。消化后所残留的未消化物称为残余小体。一般认为，残余小体在变形虫等细胞中被排出细胞之外，但在其他细胞中，则长期留在细胞中，成为细胞衰老的原因。

基本小知识

摄　食

　　摄食是指机体为个体生存、保障身体各器官的功能和从事各种活动的能量需要所进行的取食行为。人和动物之所以摄食，是因为饥饿感在驱动着机体。

　　溶酶体是由高尔基体断裂产生，由单层膜包裹的小泡，数目可多可少，大小也不等，含有 60 多种能够水解多糖、磷脂、核酸和蛋白质的酸性酶，这些酶有的是水溶性的，有的则结合在膜上。溶酶体的 pH 值为 5 左右，是其中酶促反应的最适 pH 值。

根据溶酶体处于完成其生理功能的不同阶段，大致可分为：初级溶酶体、次级溶酶体和残余小体。

溶酶体为细胞浆内由单层脂蛋白膜包绕的内含一系列酸性水解酶的小体，是细胞内具有单层膜囊状结构的细胞器。溶酶体内含有许多种水解酶类，能够分解很多种物质，因此被比喻为细胞内的"酶仓库"、"消化系统"。

◎ 溶酶体的功能

溶酶体的主要作用是消化作用。它是细胞内的消化器官，细胞自溶、防御以及对某些物质的利用均与溶酶体的消化作用有关。

细胞内消化：对高等动物而言细胞的营养物质主要来源于血液中的水分子物质，而一些大分子物质通过内吞作用进入细胞，如内吞低密脂蛋白获得胆固醇，对一些单细胞真核生物，溶酶体的消化作用就更为重要了。

细胞凋亡：个体发生过程中往往涉及组织或器官的改造或重建，如昆虫和蛙类的变态发育等。这一过程是在基因控制下实现的，称为程序性细胞死亡，注定要消除的细胞以出芽的形式形成凋亡小体，被巨噬细胞吞噬并消化。

自体吞噬：清除细胞中无用的生物大分子、衰老的细胞器等。如许多生物大分子的半衰期只有几小时至几天，肝细胞中线粒体的平均寿命约 10 天。

防御作用：如巨噬细胞可吞入病原体，在溶酶体中将病原体杀死和降解。

参与分泌活动的调节：如将甲状腺球蛋白降解成有活性的甲状腺素。

形成精子的顶体：顶体相当于一个化学钻，可溶穿卵子的皮层，使精子进入卵子。

选择性地包装成初级溶酶体。

◎ 溶酶体与疾病

1. 矽肺。二氧化硅尘粒（矽尘）吸入肺泡后被巨噬细胞吞噬，含有矽尘的吞噬小体与溶酶体合并成为次级溶酶体。二氧化硅的羟基与溶酶体膜的磷脂或蛋白形成氢键，导致吞噬细胞溶酶体崩解，细胞本身也被破坏，矽尘释出，后又被其他巨噬细胞吞噬，如此反复进行。受损或已被破坏的巨噬细胞释放"致纤维化因子"，并激活成纤维细胞，导致胶原纤维沉积、肺组织纤维化。

2. 肺结核。结核杆菌不产生内、外毒素，也无荚膜和侵袭性酶。但是菌体成分硫酸脑苷脂能抵抗胞内的溶菌杀伤作用，使结核杆菌在肺泡内大量生长繁殖，导致巨噬细胞裂解，释放出的结核杆菌再次被吞噬而重复上述过程，最终引起肺组织钙化和纤维化。

拓展阅读

外毒素

外毒素是指某些病原菌生长繁殖过程中分泌到菌体外的一种代谢产物，为次级代谢产物。其主要成分为可溶性蛋白质。许多革兰氏阳性菌及部分革兰氏阴性菌等均能产生外毒素。

3. 各类贮积症。贮积症是由于遗传缺陷引起的，由于溶酶体的酶发生变异，功能丧失，导致底物在溶酶体中大量贮积，进而影响细胞功能，常见的贮积症主要有以下几类。

台－萨氏综合征：也叫黑蒙性家族痴呆症，溶酶体缺少氨基己糖酯酶 A，导致神经节甘酯 GM2 积累，影响细胞功能。患者表现为渐进性失明、痴呆和瘫痪。

II 型糖原累积病：溶酶体缺乏 $\alpha-1,4-$葡萄糖苷酶，糖原在溶酶体中积累，导致心、肝、舌肿大和骨骼肌无力。属常染色体缺陷性遗传病，患者多为小孩。

脑苷脂沉积病：是巨噬细胞和脑神经细胞的溶酶体缺乏 $\beta-$ 葡萄糖苷酶造成的。大量的葡萄糖脑苷脂沉积在这些细胞溶酶体内，患者的肝、脾、淋巴结等肿大，中枢神经系统发生退行性变化。

细胞内含物病：一种更严重的贮积症，是 N－乙酰葡萄糖胺磷酸转移酶单基因突变引起的。由于基因突变，高尔基体中加工的溶酶体前酶尚不能形成 M6P 分选信号，酶就被运出细胞。这类病人的成纤维细胞的溶酶体中没有水解酶，导致底物在溶酶体中大量贮积，形成所谓的"包涵体"。另外这类病人肝细胞中有正常的溶酶体，说明溶酶体形成还具有 M6P 之外的途径。

光合作用的"车间"——叶绿体

叶绿体是绿色植物细胞内进行光合作用的结构，是一种质体。质体有圆形、卵圆形或盘形 3 种形态。叶绿体含有叶绿素 a、b 而呈绿色，容易区别于另外两类质体——无色的白色体和黄色到红色的有色体。叶绿素 a、b 的功能是吸收光能，通过光合作用将光能转变成化学能。具有双层膜，内有间质，间质中含呈溶解状态的酶和片层。片层由闭合的中空盘状的类囊体垛堆而成，类囊体是形成高能化合物三磷酸腺苷（ATP）所必需的。

绿叶细胞的一个叶绿体，就像是一座精致巧妙的工厂。就一座工厂看，小得可怜！拿高等植物细胞的叶绿体来说，一般直径约 5 微米，厚度 1~2 微米，像一个椭圆形的小碟子。在一个绿叶细胞中有几座、十几座，多时达到近百座这样的工厂。有人计算，一棵高大的树，假如有 20 万片叶子的话，至少有 500 亿座绿色工厂，排起来总面积多达 2 万平方米。世界上究竟有多少座这样的绿色工厂？谁也没有能力计算清楚。

绿色工厂不仅小巧玲珑，而且可随光线的强弱在细胞内移动。太阳光弱时，叶绿体将扁平的一面对着光线，这样受光面积大，可接受更多的光量。太阳光强烈时，它又自动转身，将窄面对着光线，以免遭受强度光照，温度过高损坏机件。当弱光射进细胞的某一角时，绿色工厂将向光源的方向迁移。

选择一座工厂（叶绿体）后，靠着电子显微镜的帮忙，我们进厂去看看，厂内洁净如洗，没有任何污染，听不到机器的声响，找不到一个劳动"工人"，全是自动化的。

　　绿色工厂分"光反应"车间和"暗反应"车间。"光反应"车间需要充足的阳光。内部设备并不复杂，是一些叫茎粒的片层结构。一个茎粒像一串硬币，都是由蛋白质和类脂分子一层层重叠起来的，一串有 20～30 个"硬币"的样子。茎粒的高度是 0.3～0.6 微米，直径是 0.4～0.6 微米，"光反应"车间平均有 50 个这样的茎粒，据说这就是世界上最为先进的"光电站"，把光能变为电能就是在这奇妙的机器中进行的。

　　"叶绿素分子是'光电站'的管理能手。"我们跨进了叶绿体中的茎粒，只见一排排叶绿素分子正在繁忙地进行工作。叶绿素是怎么把光能变为电能的呢？

　　叶绿素是一个大分子，由 55 个碳原子、72 个氢原子、4 个氮原子、5 个氧原子和 1 个镁原子组成。原子们彼此拉起手来，构成了有头有尾的身体。那独一无二的镁原子位于中央，拉着 4 个氮原子围成一个环，叫作卟啉环，排成单分子层的队列，存在于茎粒的片层结构内。

　　大家知道太阳射来的光是红、橙、黄、绿、青、蓝、紫七色。有的色光被吸收了，变成电能，有些色光从我们身上透射过去。唯有绿光不吸收，也不透射，把它反射回去，所以人们总看到叶子呈碧绿的色泽。庄稼的叶子颜色变淡或变黄了，农民伯伯常常说："叶绿素跑到哪里去了？"其实不能怪叶绿素不尽职，土壤缺少氮肥或镁元素，就不能组成叶绿素的头环，当然就会使叶片变淡甚至瘦黄了。肥沃土壤上的庄稼不缺氮肥，叶子也就绿油油的，甚至浓绿发黑。不过土壤缺铁，就会影响对镁的吸收，也会使绿叶变黄的。光能转化不是一个分子单独完成的。俗话说团结力量大，人多出智慧。我们几百个分子组成集体，还有酶分子的协作，组成光合作用单位，又叫量子转换体。基粒片层膜上的许多微粒状结构，就是叶绿体吸收光能的小单位。

　　绿色工厂的原料是水和二氧化碳。工厂生产的第一道工序就是光反应。

　　太阳射来的光子像十分密集的炮弹，无情地打击着"量子转换体"，叶绿素并不惧怕光子流，打来多少，吸收多少。高能量的光子流把叶绿素分子的原子核外的电子打得离开了自己原来的轨道，在距核较远的轨道上飞驰，这时叶绿素分子处于"激发态"，具有较高的能量。当被激发的电子经过一系列的"阶梯"，回到原来状态时，就放出能量变为化学能传递出去了。这个光物理和光化学的过程，是在极短促的几微秒内完成的。

趣味点击　叶绿素

叶绿素是一类与光合作用有关的最重要的色素。光合作用是通过合成一些有机化合物将光能转变为化学能的过程。叶绿素实际上存在于所有能营造光合作用的生物体，包括绿色植物、原核的蓝绿藻（蓝菌）和真核的藻类。叶绿素从光中吸收能量，然后能量被用来将二氧化碳转变为碳水化合物。

叶绿素分子把吸收的光能，通过电子传递出去，这能量便把水分子的氢氧连接打断，叫作水的光解。氧原子失去它的亲密伙伴——氢，十分懊丧，不愿在场内久留，便以分子状态悄悄地溜出厂外，这就是绿叶的放氧。大气中用之不竭的氧源，就是绿色工厂提供的。

从水分子裂解的氢原子，形成具有很高还原能力的质子和电子。质子和电子通过一系列的电子传递过程，把携带的能量放出来，贮藏在一种叫 ATE 的高能化合物中，同时生成还原辅酶Ⅱ（NADPH），这就是"光反应"的产物。

我们离开"光反应"车间——基粒，便进入"暗反应车间"。"暗反应车间"就是基粒周围的基质，这里有基粒间相连的纵横管道，还有水溶性的酶、淀粉粒和核糖体等。

生产的第二道工序——暗反应不需要光，是依靠 ATP 和 NADPH 所提供的能量去还原二氧化碳，生成有机物质。

只见二氧化碳分子，飞也似的到达基质中脚跟尚未站稳，就被化学勇士们捉住。进来一个分子便捉住一个分子，像抓俘虏一样，一概照此办理，这就切断了二氧化碳的归路。二氧化碳分子被捆绑在一个叫五碳糖磷酸酯的化合物上，生成了两分子磷酸甘油酸，然后在 ATP 放出的携带来的化学能的帮助下，被 NADPH 还原成两个三碳糖。氢总算在这里与二氧化碳见面了。三碳糖还是半成品，又经过加工生成合格的产品六碳糖，光合作用的反应式如下：

每生成 1 克分子的葡萄糖，需要 674 千卡（1 千卡 = 4.18 千焦）的太阳能，这些能量就贮藏在有机物质的化学键中。

绿色工厂生产的葡萄糖在酶分子的帮助下，缩合成大分子的淀粉，由造粉体（又叫淀粉粒）贮藏起来，这就是细胞王国的"糖仓"。在生产过程中的中间产物，可以在酶分子的协助下改造成甘油和脂肪酸，再合成脂肪，由造油体（又叫糊粉粒）暂时贮存，这就是细胞王国的"油库"。绿色工厂"暗反应车间"具有核糖体，也可以直接生产出蛋白质。

人类未来的图景已经勾画出来了，我们终将模拟绿色工厂，直接生产出所需要的食物，真正摆脱种地吃饭的老传统。模拟研究在世界各地风起云涌，"太阳能电池"已研究制造成功。"人工树叶"在阳光的照射下已能测量出电压。捕捉光的小型装置已能把水、二氧化碳转变为氢、氧和能量。不久的将来，模拟绿色工厂将放射出奇光异彩。

▶ "个儿小力大"的中心体

所有的动物及低等的植物细胞质中都有一种特殊的结构——中心体。

中心体是动物细胞中一种重要的无膜结构的细胞器，每个中心体主要含有两个中心粒。它是细胞分裂时内部活动的中心。动物细胞和低等植物细胞中都有中心体。它位于细胞核附近的细胞质中，接近于细胞的中心，因此叫作中心体。在电子显微镜下可以看到，每个中心体含有两个中心粒，这两个中心粒相互垂直排列。中心体与细胞的有丝分裂有关。它同时还控制着纤毛和鞭毛的形成与活动。有一些细胞有纤毛和鞭毛，它们是伸展到细胞膜外表面的一种细长、丝状的结构，纤毛长约 5 ~ 10 微米长，数量较多，鞭毛约比它长 15 倍，数量很少，在低等的单细胞原生动物中，它们是管运动的"器官"，人的气管内表面也有大量纤毛，它们协调一致地划动，可增加细胞内表面液体的流动，把"呛"入气管的小颗粒推出去。动物的精子细胞大都有鞭毛，它们像"鞭打"那样的动作，有助于这些细胞的运动。

拓展阅读

超微结构

超微结构又称为亚显微结构。指在普通光学显微镜下观察不能分辨清楚，但在电子显微镜下能观测到的细胞内各种微细结构。普通光学显微镜的分辨力极限约为 0.2 微米，细胞膜、内质网膜和核膜的厚度，核糖体、微体、微管和微丝的直径等均小于 0.2 微米，因而用普通光学显微镜观察不到这些细胞结构，要观察细胞中的各种亚显微结构，必须用分辨力更高的电子显微镜。

在电子显微镜下可以看到中心粒的超微结构。中心粒为成对的圆筒状小体，长度为 0.3 ~ 0.5 微米，直径为 0.15 ~ 0.20 微米。每个中心粒由 27 条很短的微管组成。在横切面上，可以看到中心粒圆筒状的壁是由 9 组三联体微管盘绕成环状结构。尽管普通光学显微镜的分辨率为 0.2 微米，但可以看到成对的中心粒的存在。

因此，在普通光学显微镜下可以看到，每个中心体主要含有 2 个中心粒。而在电子显微镜下已经可以看到中心粒的三联体组成等更细微的结构了。

◎ 中心粒与细胞分裂

在细胞分裂前期，成对的中心粒进行自身复制成两对，然后向细胞两极移动，当中有凝胶化的纺锤丝相连。到中期时，成对的中心粒（中心体）移到细胞两极，当中的纺锤丝形成纺锤体。到了分裂后期、末期，纺锤丝、纺锤体逐渐不鲜明，已在细胞两极的中心体也随细胞的分裂分配到两个子细胞中。

中心体在细胞分裂时期，中心粒在结构上也发生一定的变化。首先是在中心粒的周围生长出一些圆形小体，每个圆形小体有一个短杆与中心粒上的每个三联体微管相连。因此，实际上每个中心粒上是 9 对圆形纺锤丝，纺锤丝以中心粒为中心向四周放射，这种放射的纺锤丝——星射线就构成中心粒四周的星体。

因此，中心粒（中心体）参加细胞分裂的活动，是细胞分裂时内部运动的中心。即，中心粒与细胞分裂有关，而不仅仅"与细胞的有丝分裂有关"。只是，中心体在有丝分裂过程中被发现，在有丝分裂过程中被研究得较多而已。

综上所述，对于"中心体和中心粒"应如此描述："动物细胞和低等植物细胞中都有中心体，它通常位于细胞核一侧的细胞质中。在光学显微镜下可以看到，每个中心体主要含有两个中心粒，这两个中心粒互相垂直排列，中心体与细胞分裂有关。"

◎ 中心体复制

中心体复制和中心体复制的触发中心体为半保留复制。在每个细胞周期中，中心体复制一次。在有丝分裂末期，每个子代细胞继承一个中心体，而在下次有丝分裂开始之前，它又包含有 2 个中心体。在分裂间期，中心体精确的复制周期为有丝分裂作前期准备，这一过程被称之为中心体复制。

在高等动物细胞中，中心体复制由 4 个阶段组成：①中心粒分裂；②中心粒复制；③中心体分裂；④子代中心体分离。

细胞质内还有一些其他的细胞器，我们就不一一介绍了。有兴趣的话，可以自己查阅一下其他的书籍，也可以借助网络学习。

细胞与新陈代谢

　　人体每天都有上千亿个细胞要被新细胞替换，这就是新陈代谢。人的呼吸就是新陈代谢的表象之一，吸入的是新鲜空气包括氧气，呼出的是二氧化碳。植物和人类正相反，在光合作用下，它可以吸收二氧化碳，呼出的是氧气。

　　人始终处于新陈代谢过程中，细胞代谢过程是最重要的代谢过程之一。在细胞新陈代谢的过程中，新细胞的生成是必不可少的。

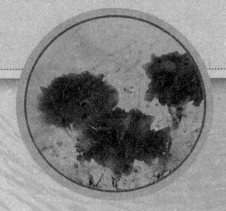

光合作用

在自然界发生的所有过程中，光合作用是最重要的过程之一。人们把植物誉为"绿色工厂"，确实是有道理的。这座奇妙"工厂"的主要原料是二氧化碳和水，而它所利用的能源（或动力）则是太阳能。这座"工厂"具有整套复杂的物理、化学"工序"，把二氧化碳和水加工成碳水化合物——一切有机体直接或间接的能源；在这个过程中释放出的氧气，又是地球上大气中

广角镜

碳水化合物

碳水化合物是由碳、氢和氧三种元素组成，由于它所含的氢氧的比例为二比一，和水一样，故称为碳水化合物。它是为人体提供热能的三种主要的营养素中最廉价的营养素。食物中的碳水化合物分成两类：人可以吸收利用的有效碳水化合物如单糖、双糖、多糖和人不能消化的无效碳水化合物如纤维素，它们都是人体必需的物质。

含有的 20% 的氧气的来源。几十亿年前，在地球的大气层中，有氮、氢、水蒸气、二氧化碳等，而唯独没有氧气。原始地球上有机物的"生产"，是靠紫外线这个重要的能源来合成的。原始的生物就在这样的环境下生长、繁殖。它们靠环境中的有机物和无机物作为食物，进行无氧呼吸，也就是发酵作用生活。因此，它们既是厌氧的又是异养的生物。它们的生活范围很狭窄：在阳光强烈的地方，它们会被紫外线辐射杀伤，在阳光不强的地方，紫外线弱，食物供应又缺乏。新生生命的活动场所受到了很大限制。到了 30 多亿年前，出现了含有叶绿素的蓝藻，这才有了光合作用。光合作用的出现，在生物的进化上是一个历史的转折点。叶绿素吸收阳光，分解水，放出氧气，同时还原二氧化碳，合成有机物。光合作用的这两种产物为高等动植物的出现奠定了基础。光合作用产生的有机物为生物解决了"吃"的问题，而氧的

产生，改变了大气的成分。开始时，氧气的出现和积累是小量的、逐步的，随着原始生物向植物的分化，出现了一个千姿百态、郁郁葱葱的植物界。叶绿体的形态也不断发展变化，大气中的氧逐渐积累，迅速增加，到了3亿年前，就达到了现代的水平。大气层的氧，又在高空中形成了臭氧层，吸收了短波紫外线，因此氧的出现改变了地球上的整个环境，为生物提供了一个有利的"住"的条件。总之，光合作用的出现，使整个生物界的进化也别开生面、蔚为大观了。高等动物，从哺乳类直至人类的起源和进化离开了光合作用是不可想象的。

通过光合作用，绿色植物获得太阳能，从而把含较低能量的物质——二氧化碳和水变成含有较高能量的碳水化合物，太阳能被转换和贮存在碳水化合物的化学键中。拿葡萄糖分子来说，可以看作它

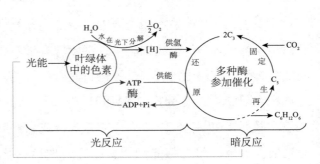

光合作用

的结构中包含了太阳能（变成了化学能的形式贮存在化学键中）。

碳水化合物的合成，需要经过一系列工序才能完成，在这些工序中，所利用的能量并不直接是太阳能，而是我们所知道的生物界能量的"流通货币"——腺三磷（ATP）；此外，水分解成氢和氧，而氢被用来将二氧化碳还原成有机物。但是如果像把水电解成氢原子和氧原子那样，氢原子（离子）很快变成分子状态的氢气，就没有还原能力了。所以必须用适当的形式把氢原子保存起来，我们把它叫作还原动力，这个还原动力就是还原型辅酶 II 的形式，它是高分子量的化合物，简写成 NADPH。光合作用的总过程可以分为两个连续的阶段：一个是光反应阶段，光被叶绿素吸收和利用，变换成 ATP，同时分解水分子，把水分解成氢原子，变成还原动力 NADPH 的形式；另一个阶段是利用这两种物质：ATP 和 NADPH，经过一系列酶反应，将二氧化碳

同化成碳水化合物。第二阶段是不需要光的，因此叫作暗反应。

知识小链接

暗反应

生物光学反应也称为暗反应，是一种不断消耗 ATP 和 NADPH 并固定二氧化碳（CO_2）形成葡萄糖的循环反应，又被称为卡尔文循环。卡尔文用 C 标记 CO_2，探明了 CO_2 转化成有机物的途径，因此暗反应过程又被称为"卡尔文循环"。

事实上，在绿色植物和光合细菌中都有非光合作用的酶反应来同化二氧化碳。在各种各样的生物细胞中，都发现有参与转换二氧化碳成为碳水化合物的各种酶，这些生物有些是不进行光合作用的。光合作用的独特之处在于它能把太阳能转换成 ATP 和 NADPH。因此，光合作用生物和非光合作用生物的基本差别，在于它们以什么样的方式合成它们同化二氧化碳所需要的这两种物质。光合作用细胞能利用太阳光合成这些化合物，而非光合作用细胞（包括动物和其他微生物）却不能以这种方式利用太阳能。

如果认为光合作用的主要职能是由陆地上的植物担任，那就错了。事实上，地球上全部光合作用的 80% 是发生在海里。在无边无际、碧波荡漾的大海里，不但海面上漂浮着的绿色海藻能够进行光合作用，就连深海里生活着的各种植物，它们虽然都不是绿色的，但是也能进行光合作用。

这是为什么呢？太阳光能穿透海水到达海底吗？

深海里的植物还是有叶绿素的，只是含量不多而已。它们除了含叶绿素外，还含有藻褐素、藻蓝素或藻红素，这些颜色盖住了为数不多的叶绿素，而使它们并不呈现绿色。太阳光照到海面之后，阳光含有的七种波长的光排着队进入了不同深度的海水，红光是叶绿素最喜欢的，在海面上就被绿藻吸收了，而蓝、紫光所具有的能量最大，可以穿透到深海中。藻红素、藻蓝素等虽然不会进行光合作用，但它们吸收光之后，再把能量转给叶绿素，于是叶绿素就工作起来了。加上海水中含有大量进行光合作用的原料：二氧化碳盐类、重碳酸盐和水，因此，海洋中光合作用创造出的有机物质比陆地植物创造的还要多七八倍呢！

地球上，每年大约有1500亿吨二氧化碳和600亿吨水被用来进行光合作用，转换成1100亿吨氧和1000亿吨有机物质；这就是说，每分钟大约有300万吨二氧化碳和120万吨的水被光合作用转换成220万吨氧和200万吨的有机物质。地球上二氧化碳的来源：一个是生物进行呼吸作用和发酵作用，把有机物质氧化放出二氧化碳；另一个是燃烧煤碳和石油等释放出的二氧化碳。显然，地球大气中二氧化碳的浓度是维持得较稳定的。这就是说，二氧化碳产生的总速度，跟光合作用消耗二氧化碳的速度是平衡的。

目前，世界上所用的动力，95%以上都间接来自光合作用。光合作用不仅为生物（包括人类）提供了食物——能量，而且世界上工业生产的主要动力能源如石油、煤炭、天然气等也都是古代生物变成的，是古代植物进行光合作用攒积下来的，这种光合作用的"遗产"占据工业原动力的95%以上。也许，人类有一天会把这种古代光合作用的"遗产"用光了，但是，我们相信人类总会找到适当的能量来源来代替。光是来自太阳的能量就相当丰富，据计算，每天每两平方公里的地球表面从太阳那里接受的能量，就相当于一颗小型的原子弹爆炸时所释放的能量。人类终究能学会把这种能量转换成较稳定的形式，以备不时之需，这也是农业工程所要研究的课题之一。了解、模拟、改革和代替光合作用，也许是解决动力问题的一个重要方面。目前，由于对植物如何把光能转化为化学能贮存起来的复杂内部变化和细节尚不清楚，因此要完全脱离植物，人工地将水和二氧化碳利用太阳光能合成粮食和燃料，还要作很大的努力。

在农业生产中，创造出高效率进行光合作用的新品种，对于提高粮食产量具有深远的意义。

光呼吸作用

科学研究证明，许多植物在进行光合作用的同时，还进行着光呼吸作用。光呼吸作用吸收氧气，放出二氧化碳和分解有机物质，它与一般的呼吸作用不同。植物的正常呼吸作用以葡萄糖为原料，通过一系列转化过程，最终产生二氧化碳、水和能量。而光呼吸作用是和光合作用紧密联系在一起的，它的原料是一种叫乙醇酸的有机酸，它是光合作用同化二氧化碳过程中的中间产物转变来的。光呼吸作用消耗了一部分光合作用合成的有机物，因此，是一种"浪费"。

知识小链接

乙醇酸

乙醇酸为无色易潮解的晶体，溶于水、甲醇、乙醇、乙酸乙酯等有机溶剂，微溶于乙醚，不溶于烃类。乙醇酸兼有醇与酸的双重性，加热至沸点时分解，用于有机合成等，通常由氯乙酸在碱性条件水解制得。

近年来发现，不同种类的植物，光呼吸作用的大小也不相同。有的作物如水稻、小麦、大豆、棉花等，光呼吸耗损占光合作用的 1/4~1/3。因此人们把它们叫作光呼吸植物。而玉米、高粱、甘蔗等非光呼吸植物中，光呼吸仅占 2%~5%，有时甚至测量不到。因此看来，光合作用强度高、低可以作为高产作物的一个指标。

同样条件下，光呼吸作物由于损耗多，养料积累少，光合作用净产率一般要比非光呼吸作物少 1/2~2/3，因此看来，把光呼吸作物改造成非光呼吸作物或降低光呼吸的效率，提高光合作用的强度，是作物高产的一项重要措施。

　　地球的大气层中，随着光合作用的出现才产生了氧，植物的发展使大气中的氧越来越多，而二氧化碳越来越少，光呼吸作用的产生可能跟这种改变有关。在实验中如果增加空气中二氧化碳量，降低氧量，许多植物的光呼吸作用就受到抑制。非光呼吸作物中，有一条与光呼吸植物不同的特殊二氧化碳同化途径，可能就是在进化中适应了大气成分改变的结果。如果其他作物也具有这种特异的同化途径，就可以节约光合作用产物，增加物质积累，提高作物质量。我们可以用辐射或化学诱变剂处理种子，引起种子的突变，然后用非光呼吸作物作为指示植物进行筛选。把处理过的光呼吸植物的种子（如小麦）和非光呼吸作物的种子（如玉米），放在沙盘里育苗。等幼苗用完了种子内的贮存物质，放在密封的玻璃箱或塑料罩里，植物在光照下生活几天后，箱内空气中二氧化碳日益减少，光呼吸作物小麦就慢慢枯死了，而非光呼吸作物玉米还活着，但是在经过处理的小麦中，还有存活着的，说明了它们经过处理后已经变成了低光呼吸的变种，这样就可以再进一步培育出低光呼吸作物，这种作物即使不改善田间管理措施，也可以增产。

🔖 呼吸作用

　　我们要了解细胞内物质和能量的转换过程，需要用呼吸作用这个词。我们平常所说的"呼吸"常常指动物从鼻子经呼吸道把空气吸入肺，然后通过呼气把碳酸气排出来。但是，呼吸作用仅仅在动物的肺里发生吗？空气中的氧气进入肺后跑到哪里去了？二氧化碳是从哪里来的？细胞的呼吸又是怎样进行的呢？

　　呼吸作用是一整套化学反应过程。细胞通过呼吸作用氧化食物，放出能量，使它为细胞进行各种活动所利用。许多生物中，细胞进行各种活动所需要的能量，基本来源于营养物质，主要是碳水化合物的氧化和降解。在适宜的气候条件下，人从事一般体力劳动时每日需要 2500～3000 千卡（1 千卡 ＝ 4.18 千焦）的能量，其中 1500～2000 千卡是由氧化糖来供给的。表面上看来，呼吸和消化都是把大分子变成小分子，但它们仍然是有区别的。消化是通过酶的水解作用，把大分子裂解成小分子，释放出能量，这种能量表现为热的形式。而呼吸是以几种方式，其中包括氧化还原反应，将含能量较高的大分子破坏成能量较低的小分子，所释放出来的能量主要被细胞用来进行各种活动，而不是以热的形式释放出来。

拓展阅读

呼吸作用

生物体内的有机物在细胞内经过一系列的氧化分解，最终生成二氧化碳或其他产物，并且释放出能量的总过程，叫作呼吸作用。呼吸作用，是生物体在细胞内将有机物氧化分解并产生能量的化学过程，是所有的动物和植物都具有的一项生命活动。生物的生命活动都需要消耗能量，这些能量来自生物体内的糖类、脂类和蛋白质等有机物的氧化分解。生物体内有机物的氧化分解为生物提供了生命所需要的能量，具有十分重要的意义。

呼吸作用基本上是光合作用的相反过程。但这个过程并非是光合作用的简单逆转，而是一个独特的过程，它是一系列连续而协调的反应，每一步都是由专一的酶来催化的。这些反应按一定的顺序进行，前一个反应的产物就是后一个反应的底物。呼吸作用最关键的过程是氧化还原反应。在化学上我们知道，当一个分子失去电子时，我们就称它为被氧化了，而当一个分子获得电子时，则称它是被还原了。呼吸作用中的氧化还原反应就是电子或氢原子从能量较高的键转移到其他分子，形成能量较低的键。

例如：葡萄糖的氢原子转移给氧原子产生二氧化碳和水，在这个过程中放出大量的能量，由于细胞是高度有组织的，这就使它能够有效而及时地贮存和利用这个过程中放出的能量。从某种角度上说，呼吸作用可以看成是高能位（比如葡萄糖，含有富于能量的碳氢键）向低能位（比如二氧化碳和水）的流动过程，犹如水向低处流一样。打个比方说，多少年来"黄河之水天上来，奔流到海不复回"，这种水力资源具有巨大的能量，却白白让它"流失"了。而今天，我们可以在黄河上建设起一个个水力发电站，把能源抓住，让它为社会主义建设服务。在细胞中抓住高能位向低能位"流动"所释放出来的装置是很有讲究的。所有细胞抓住这种能量的方式是形成一种独特的含高能量的化合物——腺三磷（ATP）。ATP 分子是由一个腺苷和三个焦磷酸根组成的。腺苷和一个磷酸形成腺一磷（AMP）需要 2000 卡能量，AMP 和第二个磷酸化合产生腺二磷（ADP）需要 8000 卡能量，而 ADP 加磷酸形成 ATP 时也需要 8000 卡能量，经过这个过程能量就贮存到 ATP 中去了。这些反应是可逆的，当细胞需要能量时，ATP 可以分解成 ADP 再分解成 AMP，从而放出 16000 卡能量，因此，ATP 可作为能量的贮存形式。在医学上 ATP 已广泛用以治疗肌肉萎缩、肝炎、血小板减少症等多种疾病的辅助药物。细胞中的线粒体有一套装置，可以高速地生成 ATP，其能量转换率为 70%～80%，而最好的机器其转换率也不超过 50%。由于它能这样高效地转换能量，人们把它叫作"动力站"。但是，在细胞内 ATP 的浓度一般是比较小的，它攒积不住能量而只是被细胞行使功能时所直接利用，细胞内真正贮存能量的物质是脂肪和碳水化合物。呼吸作用把碳水化合物变成细胞的其他重要成分：如脂类、蛋白质、核酸等的"零件"。

　　在动植物和许多微生物中，呼吸作用有几种途径，而其中最主要的途径已经了解得比较清楚了，这就是无氧呼吸和有氧呼吸。大多数生物包括人类，呼吸作用的最初几步完全与氧无关，称为无氧呼吸；接着无氧呼吸过程的是一个需氧的酶反应过程，称为有氧呼吸。无氧呼吸对于我们来说并不生疏。我国劳动人民自古以来就知道用粮食做酒的方法。酿酒，就是利用酵母无氧呼吸的原理，也就是糖酵解的方法。

　　在动物的肌肉中，当氧供应不足时，丙酮酸就被还原成乳酸，因此，在激烈的运动后，我们会感到四肢酸痛。在氧供应充足的条件下，细胞则利用丙酮酸作为"原料"进行有氧呼吸。有氧呼吸可以形成许多 ATP 分子，来为

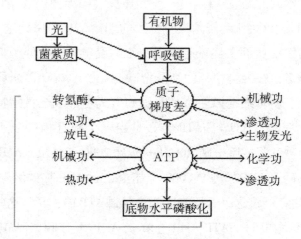

无氧呼吸过程简化图

细胞各种活动提供能量。它的最终产物是二氧化碳和水，并借助于中间产物乙酰辅酶 A 与蛋白质、脂类代谢联系起来。

从原始的到最高等的生物中都存在着无氧呼吸。从进化的观点看来，无氧呼吸比有氧呼吸更古老。比较原始的细胞如细菌，有氧呼吸是有限的，不少细菌可以在有氧条件也可以在无氧条件下生长，这就说明有氧呼吸在进化过程中出现比较晚。看来，只有光合作用出现后，地球上积累了一定量的氧，有氧呼吸才发展起来。从有氧呼吸所用的反应物是无氧呼吸的产物这一点看来，也说明了这种看法是符合事实的。

有氧呼吸俘获能量的效率要比无氧呼吸高得多。180 克葡萄糖经过无氧呼吸去除了无氧呼吸过程中所消耗的能量，只能生成 2 个 ATP，而在有氧呼吸过程中却可得到 36 个 ATP，所以有氧呼吸效率是无氧呼吸的 18 倍。

脂类的代谢

　　脂类，或脂肪，是一大类化学物质。它很难溶于水。最简单的脂类只由碳、氢、氧组成。脂类水解后变成脂肪酸和甘油，这就是皂化作用。脂肪是我们人类的主要食物。同样重量的脂肪，要比蛋白质等多提供热量。1 克脂肪约可产热 9.3 千卡，它是细胞内的能量贮存物之一。脂肪也是细胞的重要结构成分，如构成细胞的各种膜系；此外，脂肪在皮下囤积，构成了柔软的隔离层，以保护身体防止热量散失，使内脏免受震动、撞击及寒冷。同时，脂肪在体内又是许多活性物质，如维生素的良好溶剂。细胞能利用食物中碳水化合物的碳"骨架"来合成脂肪；但少部分是细胞所不能合成的，需要从食物中直接获得，这种脂肪酸即为必需脂肪酸。

　　脂肪随着各种食物进入人和动物体内。食物中，脂肪的成分和性质与体内各脏器、组织的脂肪有很大差异。因此，大部分食用脂肪在消化道不能直接被吸收，而必须在消化道内水解成甘油和脂肪酸，然后才能被机体吸收和利用。

　　唾液中没有分解脂肪的脂肪酶，脂肪在口腔里没有什么变化。胃液中含有少量脂肪酶，但是缺乏乳化条件，所以只能分解少量脂肪。大多数脂肪在肠道里

你知道吗

脂 肪

　　脂类是油、脂肪、类脂的总称。食物中的油脂主要是油和脂肪，一般把常温下是液体的称作油，而把常温下是固体的称作脂肪。脂肪所含的化学元素主要是 C、H、O，部分还含有 N、P 等元素。脂肪是由甘油和脂肪酸组成的甘油三酯，其中甘油的分子比较简单，而脂肪酸的种类和长短却不相同。脂肪酸分三大类：饱和脂肪酸、单不饱和脂肪酸、多不饱和脂肪酸。脂肪在多数有机溶剂中溶解，但不溶解于水。

被分解成甘油和脂肪酸，这个过程很像皂化过程。甘油和脂肪酸在小肠内被肠绒毛吸收。通常在一昼夜中，肠道内吸收的脂肪量约为 50 克，其中 48 克为脂肪酸。它们先储存在脂肪堆积库——脂肪组织中，需要时由堆积库进入血浆，然后由组织与脏器作为供能或"建造"机体的原料。

甘油是有 3 个碳原子的分子，它在线粒体中变为无氧呼吸的中间物参加呼吸作用。天然的脂肪中所含的脂肪酸大都是由双数碳原子构成的，有的多达 20 多个。氧化的时候，在酶和 ATP 作用下，一步反应切下 2 个碳原子，如此反复，直至全都降解成乙酰辅酶 A。

以 8 个碳原子的脂肪酸为例：

结果，一个 8 个碳原子的脂肪酸最后"切"成了 4 个乙酰辅酶 A。乙酰辅酶 A 即可参加有氧呼吸途径，最后生成二氧化碳和水，放出能量用以完成各种生理机能。

脂肪酸的合成也需要有乙酰辅酶 A，简单说来，它也是在各种酶的参与下，每一步"接上"两个碳原子，这样一步步地把碳链加长的。

◉ 蛋白质的代谢

蛋白质在细胞的结构和功能方面占据着中心地位。蛋白质由氨基酸组成。氨基酸的来源，或者是由食物获得，或者是由细胞通过其他途径合成。在进化的过程中，动物细胞失去了合成某些氨基酸的能力，因此，这些氨基酸必须由食物直接提供。如果主要食物成分中缺少某种必需氨基酸，蛋白质的合成就会受到影响。例如，在大多数玉米品种中，50% 的蛋白质是醇溶性蛋白，这种蛋白中赖氨酸含量极低。如果人们靠玉米为唯一的氨基酸来源时，就会出现赖氨酸缺乏，因此，需要用其他食物来补充。目前张家口地区已经育出赖氨酸含量较高的玉米品种，提高了玉米的营养价值。

在细胞内，蛋白质可以由酶破坏或水解成氨基酸。氨基酸进一步通过酶的作用形成丙酮酸和乙酰辅酶 A。

有氧呼吸

　　有氧呼吸是指植物细胞在氧气的参与下，把某些有机物彻底氧化分解，放出二氧化碳并形成水，同时释放出能量的过程。

　　从上面的介绍中可以看到，无论是碳水化合物，还是蛋白质、脂肪，它们分解时都能形成乙酰辅酶 A 这个中间产物。作为这三种代谢的产物，它可以从不同的途径被利用。通过有氧呼吸，分解为二氧化碳和水，并提供能量，所以可以看作是一种细胞活动的能源；同时，它也是合成碳水化合物、蛋白质、脂肪和固醇等的原料。

　　由于在体内蛋白质、脂肪、糖可以互相转化，互相调配，因此，食草动物虽然吃的主要是纤维素、多糖、淀粉等碳水化合物，在体内却可以变成脂肪、蛋白质，而以肉食为主的动物，其肝糖、血糖含量也不会降低。许多家畜（如猪、牛、羊）或家禽（鹅、鸡）可以用含大量淀粉而缺少脂肪的食物（土豆、草料、秸秆）来育肥。这些都说明细胞内的同化作用与异化作用是相互渗透、相互制约的对立统一过程：没有同化作用，就没有异化作用；而没有异化作用，同化作用也就成为不可能。细胞内新陈代谢过程是一个自我完成的过程，它不同于无生命物体的那种新陈代谢，"其他无生命物体在自然过程中也发生变化、分解或结合，可是这样一来它们就不再是以前那样的东西了。岩石经过风化就不再是岩石；金属氧化后就变成锈。可是，在无生命物体中成为破坏的原因的东西，在蛋白质中却是生存的基本条件。从蛋白体内各组成部分的这种不断转变，摄食和排泄的这种不断交替停止的一瞬间起，蛋白体本身就停止生存，趋于分解，即归于死亡。"细胞内各种物质相互转化的过程，就是同化作用与异化作用的对立统一过程，细胞正是在这种对立统一过程中生长和分裂的。

蛋白质和核酸的生物合成

一个细胞内含有种类数以千计的蛋白质，每一种蛋白质都具有自己的独特结构：特有的氨基酸排列顺序。构成数以千计的蛋白质的基本"元件"，则是 20 种左右的氨基酸；蛋白质分子中氨基酸排列顺序的不同，决定了蛋白质具有不同的性质。

这里我们会提出一个问题：氨基酸的顺序是怎样决定的呢？比如，一种特定的蛋白质第十个氨基酸的位置上是甘氨酸，那么如何在第十个氨基酸的位置上接上一个甘氨酸而不是赖氨酸，而下一个需要接上一个组氨酸而不是精氨酸呢？所有的细胞都含有合成它们的蛋白质所必需的信息。而且在细胞分裂时，可以把这些信息传达到子细胞中去，这种传达是极为精确的。例如，在正常人红血球中的血红蛋白分子上，第六位的氨基酸是谷氨酸。但是，患有镰刀型红血球贫血病的人，这个第六位的谷氨酸却被缬氨酸代替了。这种病是可以遗传的，说明起决定作用的遗传信息和正常人比较起来有了变异。那么，遗传信息是如何传递给蛋白质的？细胞分裂时，遗传信息又是如何从母细胞传到子细胞的？这些都是生命的本质问题。

知识小链接

血红蛋白分子

血红蛋白分子是一个工作效率极高的分子机器，它通过运动和小的结构改变来调节它的行为。氧气和血红蛋白四个位点的结合并不是同步的。第一个氧气和血红蛋白结合，使相应的蛋白链发生微小的变化，这些变化使它们与氧结合更容易。

恩格斯说："生命是蛋白体的存在方式，这种存在方式本质上就在于这些蛋白体的化学组成部分的不断自我更新。"现代科学告诉我们，恩格斯说的蛋白体，是包括蛋白质、核酸在内的基本生命物质。细胞是核酸、蛋白质等不同物质矛盾的统一体。在细胞中，蛋白质和核酸有着错综复杂的关系。作为遗传物质基础的 DNA 所包含的遗传信息，决定了蛋白质的氨基酸顺序，也就是说，DNA 分子上的核苷酸排列顺序决定了氨基酸的排列顺序，如果没有核酸，就没有蛋白质的生物合成。而在核酸的合成过程中，又需要有一系列的酶——蛋白质来催化。蛋白质、核酸等物质之间的这种相互依存、相互制约的关系，构成了细胞生命活动的主要内容。

拓展阅读

遗传物质

遗传物质即亲代与子代之间传递遗传信息的物质。除一部分病毒的遗传物质是 RNA 外，其余的病毒以及全部具有典型细胞结构的生物的遗传物质都是 DNA。

DNA 是细胞内的遗传物质，它是细胞中一种最大的分子。我们前面提到过的肺炎球菌内致病的 DNA，其分子量就是 50 万，但它只是整个 DNA 上的一个片段。有一种叫 T2 的噬菌体，它的 DNA 分子量高达 12 亿！而它所感染的细菌本身的 DNA 的分子量还要比它大 15 倍。甚至最大的蛋白质分子，比起这些 DNA 分子，都显得很微小。DNA 分子十分细长，它只有 10 个原子那样的直径，而它却是那样的长，25 个细菌 DNA 分子头尾相接就达 25 毫米那么长。但 DNA 在细菌内只占 5% 左右的体积。我们人体内，每一个细胞的全部 DNA 分子，如果把它们一个个头尾相接起来，会有 2 米长。这样长的 DNA，它上面的核苷酸顺序，如果像电报上的密码编排那样，把它三个一组译成一个氨基酸"字"，那么一个细胞内 DNA 的核苷酸顺序所蕴含的氨基酸"字"数，足可以排印成上千部书！

（1）DNA 在细胞内是怎样合成的？我们前面说过，细胞分裂的速度有的在 1～2 小时内就可以完成。那么，像 DNA 这样巨大的分子，怎么那么快就加工出另外一套与原来一模一样的 DNA 呢？原来，DNA 是像麻花那样的双螺旋结构，是由两条核苷酸链拧在一起像一根绳子的形状。细胞要合成新的 DNA 时，首先在一种酶的作用下，把 DNA 的"绳子"松开，成为单股的核苷酸链。这时每一条单链就成为合成新链的"模子"。我们前面说过，DNA 上的 4 种碱基总是按照 A 对 T，C 对 G 这样的原则相互对应互补，合成新链也是一样。这样，甲链就作为模子合成一条乙链式的新链，乙链也合成一条甲链式的新链，母分子便复制出和原来相同的子分子了。

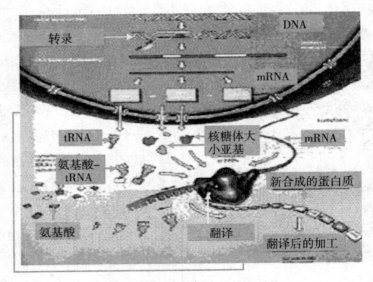

蛋白质合成

（2）RNA 是怎样合成的？蛋白质是 DNA 上遗传信息的具体体现，而以酶的形式存在的蛋白质是细胞基本活动的调节者，它表达遗传信息的含义和内容。那么 DNA 的信息如何传达给蛋白质呢？

DNA 结构上所包含的蛋白质合成暗号，首先传达给 RNA，这种核酸称为信使 RNA，这个过程叫作转录。RNA 与 DNA 有基本相同的结构，不同的是 DNA 上的 T 碱基在 RNA 上换为 U 碱基；而 DNA 一般是双链形式存在，RNA 则是单链的形式。RNA 以 DNA 作为"模子"合成，过程与 DNA 合成相似，只是催化的酶各不相同。每一种蛋白质都有相应的信使 RNA。RNA 除了信使 RNA 外，还有转移 RNA 和核蛋白体 RNA，它们都参与蛋白质合成。转移 RNA 存在于细胞质，分子量较小，在合成蛋白质时，负责将氨基酸"搬运"到核蛋白体上，合成蛋白质。每一种氨基酸都有它对应的转移 RNA，换句话说，它们的专门化程度很高，比如甘氨酸的转移 RNA 只管"搬运"甘氨酸，而别的氨基酸它不去管。但是有一些氨基酸已发现有两种或两种以上"搬运工"。由核蛋白体 RNA 和蛋白体组成的核蛋白体则是合成蛋白质的"工作母机"。

（3）蛋白质的合成：蛋白质的合成与其他细胞组织成分的合成有根本上的不同，像糖、脂肪、维生素、激素、核酸中的碱基，以及蛋白质中的氨基酸等这些小分子，都是通过一系列的酶催化反应，一点一点、一步一步地由简单的物质"装配"起来的。而另外有一些酶能将小分子"套住"，把它们组成多聚物：如把核苷酸组成核酸。蛋白质合成也与此类似，即把氨基酸组成蛋白质。

拓展阅读

酶催化反应

　　酶加速或减慢化学反应的作用被称为酶催化反应。在一个活细胞中同时进行的几百种不同的反应都是借助于细胞内含有的相当数目的酶完成的。它们在催化反应专一性、催化效率以及对温度、pH 值的敏感等方面表现出一般工业催化剂所没有的特性。在许多情况下，底物分子中微小的结构变化会丧失一个化合物作为底物的能力。

正如前面说过，DNA 是一个巨大的分子，它上面包含着许多的蛋白质信息，蛋白质分子上氨基酸的排列顺序是由 DNA 分子的核苷酸顺序决定的。打个比方说，如果 DNA 的链子是一部故事片的全部拷贝，那么它的一个镜头（几十或几百个照片）就代表了一个蛋白质的信息。所以一种蛋白质的信息只是 DNA 上的一个小片段。这种 DNA 片段经转录成信使 RNA 后，就直接成为合成蛋白质的密码符号了。把这些密码符号用氨基酸"语言"翻译出来，就成为蛋白质。

蛋白质合成的实际过程比较复杂，为了便于了解，我们简要地说明一下。

我们可以把信使 RNA 比作一份电报，它上面的核苷酸顺序代表这份电报的密码，其核苷酸按次序每三个一组代表一个字，这个字就是指一个氨基酸。而核蛋白体就好像一部密码"读出机"，当信使 RNA 这个"密码条"像录音带通过录音机的磁头那样通过核蛋白体时，核蛋白体就把每三个核苷酸所代表的氨基酸"字"读出来。而转移 RNA 在旁边"听写"，它一边听，一边去"检字"，把铅字排成"电报译文"——这就是蛋白质。

一般说来，DNA 决定 RNA 和蛋白质的组成。如果用一个简单的式子表示遗传信息的传递方向，这就是：分子生物学的"中心法则"。它的含义是：DNA 的核苷酸顺序决定了新的 DNA 和 RNA 的合成以及核苷酸顺序，而 RNA 的核苷酸决定了蛋白质的氨基酸排列顺序。但是，最近发现某些致癌病毒，它们没有 DNA，而只有 RNA，侵入寄主细胞后，在一种反转录酶的作用下，用病毒的 RNA 作为"模子"合成 DNA。此外，在一种引起小儿麻痹症的病毒——脊髓灰白质炎病毒（只含 RNA）中，人们发现它侵入细胞后，它的 RNA 本身可以作为"模子"合成一条"负链"的 RNA，然后再由"负链"RNA 合成更多"正链"（即跟原来的病毒 RNA 一样）的 RNA。在一些动物细胞中也已发现有逆转录现象。这些情况说明，DNA、RNA 和蛋白质之间的关系是错综复杂的，"中心法则"的式子可以加上新的内容。

知识小链接

动物细胞

动物细胞立体结构图组成动物体的细胞称为动物细胞。植物细胞和动物细胞大体上相同，都有细胞核、细胞质和细胞膜。

当然，随着科学研究的深入，还可能会发现新的现象。例如，目前已发现有个别的蛋白质可由酶直接合成，其信息不必直接来自核酸（当然该酶的性质仍然是由核酸决定的）。

细胞的分裂

　　新的细胞必须经过已存在的细胞分裂而产生。每一个生命体都是从一个细胞生长发育而来的，不论是简单的单细胞生物还是复杂的多细胞生物，其生长和发育可以部分地通过细胞体积的增加来实现，但细胞体积不可能无限地增加。因此，多细胞生物的生长主要是通过细胞分裂增加细胞数量并伴随细胞的分化来实现的。

无丝分裂和有丝分裂

根据细胞在分裂过程中所表现的形式不同，分成无丝分裂和有丝分裂。无丝分裂相对有丝分裂来说，整个"舞会"（我们把细胞分裂比喻成舞会）比较小，而且也比较简单，多见于衰老的细胞或病态的细胞。染色体从中间凹陷一分为

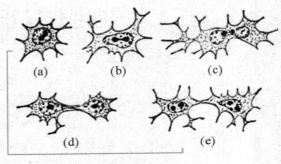

(a)　　(b)　　(c)

(d)　　(e)

有丝分裂

二，随后细胞膜又从中间向内凹陷，逐渐分隔成 2 个细胞，它们有时是相等大小，有时分裂成一个大细胞和一个小细胞。

拓展阅读

白细胞

白细胞旧称白血球。血液中的一类细胞。白细胞也通常被称为免疫细胞，是人体和动物血液及组织中的无色细胞，有细胞核，能做变形运动。

无丝分裂比有丝分裂早发现 15 年，但是因为它不如有丝分裂那么多见和复杂，所以也没有引起人们更多的注意和研究。我们在鸭跖草的茎细胞、一些种子的胚乳细胞、昆虫的节间细胞、豚鼠的腱细胞、膀胱的表皮细胞、肝细胞、白细胞、某些病态细胞和人工培养的细胞中，都可以观察到这种无丝分裂。

细胞的有丝分裂是细胞分裂中最普通的一种形式，过程也比较复杂，有丝分裂的主要演员就是染色体。为了更清楚地理解染色体"舞蹈"的背景，

有必要先介绍一下舞会的准备工作。

细胞分裂从本次完成到下次再分裂，是一个繁殖周期。它分生长和分裂两个阶段：先是分裂的准备，分裂预示着新的生长，生长阶段经历的时间比分裂阶段长。繁殖周期的时间一般约20小时，分裂只占1小时。年幼细胞生长阶段的第一个时期，合成大量的蛋白质，体积增大，吸水成熟。成熟后，先酝酿分裂后的细

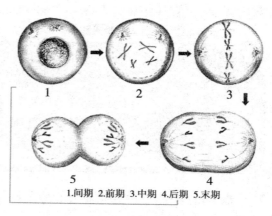

1.间期　2.前期　3.中期　4.后期　5.末期

有丝分裂

胞核和染色体的复制。所谓复制，就是一劈两半，分成两个细胞核，去担任分裂后两个细胞的新领导，依此代代相传，是为不出差错啊！为了配合"国王"（细胞核），染色体也要进行复制，比如人有46条染色体，各照原样复制一条新的，应为92条。不过暂时不分开，仍粘在一起，46条染色体每条都含有2条染色单体，到化装舞会上再去分离。

准备就绪，四场化装舞会随着细胞分裂所奏的乐曲拉开了帷幕。

第一场：盘旋舞

舞会是在首府内的舞台上开始的，通过我们的染色，染色体穿上红色的彩衣，它那纤纤细腰，翩翩起舞，分手在即，它们不免有依依不舍之情。分裂之后，它们将成为另一个国家的"公民"，但是它们还是邻国，还可以相互来往。

本来一条条、又细又长、弯弯曲曲的染色体，密集在细胞核中，就像一团乱麻。起舞之后，每条染色体内的细丝就像仙女在空中摆动彩绸一样，扭曲盘旋。扭曲越来越大，盘旋越来越密，把细长染色体缩成较粗的棒状体，这时舞台上，一条一条的染色体，便可以分辨清楚了。

染色体的舞性越来越浓，动作幅度越来越大，可是舞台过于狭小，复杂

的舞蹈无法表演。于是核膜溶解了，核仁消失了，也就是说旧的城堡拆除了，核内舞台变为整个细胞的大舞台，核内外的物质完全融合在一起了。

基本小知识

核 仁

核仁是真核细胞间期核中最明显的结构。它位于细胞核中。为生殖作出了贡献，并聚集着核糖体。曾经集合的核糖体从细胞核中出来，进入细胞质。

盘旋舞结束了，这是细胞有丝分裂的前期。

第二场：道别舞

本场舞蹈所需要的道具是一些极细的蛋白质细丝，叫作纺锤丝，它是用来牵引染色体分别向两边走的。在动物细胞和低等植物细胞中，还有一个放射性的中粒，就像一个光芒万丈的"小太阳"。

舞蹈一开始，一条条纺锤丝瞅准一条条染色体，射向它们，细丝迅速地绑在染色体腰部的着丝点上。每一棒状染色体都被一些细丝拉住，就像用线拉住的木偶一样，染色体在线的牵拉下仍然舞动着，舞会变成了木偶戏。但与木偶戏相比还是有差别的，因为纺锤丝是从细胞两极射来的，每条染色体都被来自两个相反方向的细丝紧紧地拉住。结果染色体都被拉在细胞的中央，列成一排整齐的横队。这时，中心粒也一分为二，迅速移到细胞的两极，就像南北两极的"太阳"，光芒四射。这美丽的艺术造型，使人不禁拍案叫绝。

随着纺锤丝的收缩，染色体分手的时刻到了，虽然它们依依不舍，但在纺锤丝的"牵拉"下，已经复制好暂时粘在一起的染色体，被一条拉成两条，就如人们将一根油条一扯两半一样，这叫作染色体的纵裂。道别舞表演的结果是染色体数目加倍。在此时，人的染色体就加倍为 92 条，这是有丝分裂的中期。在这个时期，是染色体最明显的时期，所以科学家们常在这一时期数某一生物的染色体数。

第三场：牵拉舞

染色体的纵裂，一条染色体分成两条染色单体，这时排在细胞中央的一列横队变成了两列横队，染色体数目也增加了一倍。

在纺锤丝的牵拉下，有着千差万别形态的两列染色体，舞姿优美缓慢地向两极移动。如果这一队列向着细胞的南极移动的话，那么另一队列必然向着细胞的北极前进，有规律地到达细胞的两极。

染色体分家了，"国王"也势必伴随染色体分开，建立一个新的首府和家园。牵拉舞结束，这就是有丝分裂的后期。

第四场：恢复舞

染色体已达到了细胞的两端。不久，完成使命的纺锤丝消失了，中心粒也毫无踪影。细胞两端的两队染色体，在为自己新的首府和家园而忙碌着、庆祝着，它们颇有兴趣地翩翩起舞。棒状染色体内盘旋折叠的细丝，又一点一点地放松拉直了。棒状染色体由于体内细丝的放松，也可以自由地伸展懒腰了，变得又细又长，慢慢恢复了原有的形状。在染色体集中精力大跳恢复舞的同时，核膜出现了，新的细胞核又建造起来了。与此同时，在细胞王国的中部，把全国国土一分为二，其他的设施和化学公民也一分为二，在一片祥和、欢腾的气氛当中，两个新细胞出现了，这是有丝分裂的末期。

染色体的表演结束了，新的细胞诞生了。

▷ 减数分裂

减数分裂举办舞会的地点是在植物花的雄蕊和雌蕊中，在动物和人的精巢、卵巢中，这是形成生殖细胞的地方，是孕育新生命的舞台。

要形成生殖细胞，染色体要连续登台表演 2 次。每次都要跳完 4 场舞，即相当于体细胞有丝分裂的前期、中期、后期和末期。由于细胞连续分裂 2

植物花蕊

次，一个生殖母细胞，生成 4 个子细胞，即精子或卵细胞。染色体只复制一次，而细胞分裂 2 次，这样，把数目加倍的染色体平均分配给 4 个子细胞，正好染色体数目比体细胞少 1/2，叫作减数分裂。

减数分裂的特点是在第一次分裂的前期分为 5 个阶段：细线期、偶线期、粗线期、双线期和终变期。

染色体变化的这 5 个时期，很像在"跳舞"。说着，只见形成生殖细胞的舞台上，在无声音乐的伴奏下，风吹杨柳的染色体已翩翩起舞，千姿百态，排列成不规则的"花束99"，这就是"花束舞"的艺术造型。

纤弱的染色体，不久便要在众多的染色体中选择自己的舞伴，要跳结伴舞了。染色体跳结伴舞对舞伴的要求非常严格，要求两者在形态、大小，甚至身体内的颗粒数目都要配对，这样才可以结伴起舞。就像有吸引力一样，每个染色体都能迅速找到自己的配偶。人的生殖母细胞中有 46 条染色体，互相结成 23 对舞伴，而更巧妙的是每对舞伴都来

广角镜

同源染色体

同源染色体是在二倍体生物细胞中，形态、结构基本相同的染色体，并在减数第一次分裂（参考减数分裂）的四分体时期中彼此联会（若是三倍体及其他奇数倍体生物细胞，联会时会发生紊乱），最后分开到不同的生殖细胞（即精子、卵细胞）的一对染色体中，这一对染色体一个来自母方，另一个来自父方。

自各自的父母，这叫作同源染色体。染色体也好像相互"认识"一样，23 对结伴从第 1 对开始到第 23 对结束，各对之间都能非常准确地找到自己的配偶，一点也不会找错，这种选择性的配对叫作"联会"。

联会就是舞伴们亲密地跳结伴舞，两条同源染色体先从一端相吸靠近，

要精确到点对点，颗粒对颗粒，就像用某种黏性物质粘起来一样，从头到脚亲密地联在一块了。

　　它的意义当然十分重要，不经过减数分裂配对，就不能生成有生育能力的生殖细胞。我们都知道，马和驴杂交产生的后代骡子，体格健壮，力大持久，又能耐艰苦，其优点远远超过它们的父母，非常可惜的是它不具备生育后代的能力。

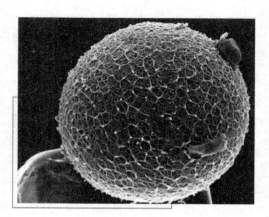

卵细胞

原因就是骡子从它们父母那里继承来的染色体差异较大，在形成生殖细胞时，两者之间配不成对，所以也跳不成结伴舞，因此就不能产生有生育力的精卵细胞。无籽西瓜、无籽香蕉都是三倍体植物，开花时有两条染色体，没有办法找配偶，因此种不出种子来。由此可见结伴舞的重要性了。

　　一对对的舞伴，度过富有情趣的"蜜月"，渐渐地相互吸引的力量减弱了。另外，经过复制的染色体，现在很明显地可以看到舞伴们都发生了纵裂。来自母方的这条染色体分裂成两条染色单体，叫作姐妹染色体。来自父方的那两条已纵裂的染色单体，叫作兄弟染色体。这4条兄妹染色体仍然联在一起，再跳一番"四兄妹舞"，这就叫作粗线期的四分体时期。

　　随后，相互排斥的力量代替了相互吸引的力量，两姐妹染色体与两弟兄染色体就要分别了。染色体的两端已经分离开来，可是染色体的中部，还有分不开的交叉点，交叉点最少有1个，最多有13个。排斥的力量越来越大，难以离别的兄妹染色单体只有在交叉处互赠礼物，以示话别。珍贵的礼物，原来是相互赠送部分染色体片断，就是妹妹把"手臂"送给了哥哥，哥哥把"腿"赠给了妹妹，才结束了离别前的赠礼舞。

　　这赠送的部分染色体片断有着重大的意义。交换了染色体片断，便使得形成的生殖细胞永远是有差异的，如我们俗语所说："一猪生九仔，连母十个样""一树结果有酸有甜"。无论多么大的鸭群，不会找到完全相同的两个个体。就如我们人类，也不会有一对毫无差别的人存在。一对孪生兄弟，别人可能辨不清谁是谁，但妈妈总会看到他们之间的许多细微的差异。正是由于这个缘故，才形成了自然界形形色色的不同生物个体。

舞伴们继续收缩变短，进入了终变期，结束了第一次分裂的前期，接着中期、后期和末期，染色体平均分配形成了两个子细胞核。

休息片刻，两个子细胞核又开始分裂，染色体第 2 次跳完 4 场舞剧，又平均分给两个子细胞核，连续分裂 2 次，形成 4 个精子或卵细胞，完成生殖细胞的减数分裂。人的 46 条染色体，精子和卵细胞中各有 23 条，这叫单倍体。

精子和卵细胞结合，完成受精，形成受精卵；染色体也合二为一，此时，单倍体成为二倍体。二倍体的受精卵，进行细胞有丝分裂，由小变大，由矮长高，到发育成熟，又可以产生单倍体的精子和卵细胞。一分为二、二合为一，二倍体到单倍体，单倍体又合成为二倍体，生命世界就是这样周而复始、往复循环的。每往复循环一次，都会有新的内容产生，都会有新的发展。

生物是怎么通过受精卵长成一个完整的生物体呢？

答案是受精卵通过分化形成。

以高等动物为例，受精卵卵裂进行到一定时间细胞增多，形成了一个内部有腔的球状胚，这个时期的胚叫囊胚。这时期的胚中央有一空腔，叫囊胚腔。囊胚动物极一端的细胞分裂较快，新产生的细胞便向植物极方向推移，使植物极一端的细胞向囊胚腔陷入，囊胚腔缩小，内陷的细胞不仅构成了胚胎的内胚层，而且围成了一个新的腔叫原肠腔。在内外细胞层之间分化出了一个新的细胞层，叫作中胚层，这时期的胚就叫原肠胚。原肠胚的特点是：具有原肠腔和外、中、内三个胚层。原肠胚的外胚层由包被胚胎表面的动物极一端的细胞构成，内胚层由陷入囊胚腔的细胞构成，中胚层位于内、外胚层之间，这三个胚层继续发育，经过组织分化、器官形成，最后形成一个完整的幼体。

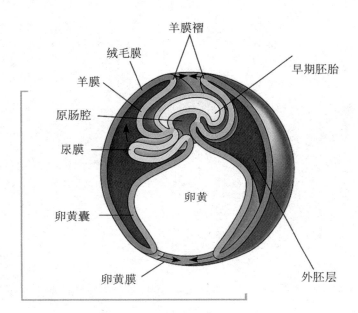

囊　胚

　　外胚层：形成神经系统的各个器官，包括脑、脊髓和神经、眼的网膜、虹膜上皮、内耳上皮以及皮肤的表皮和皮肤的附属结构。

　　内胚层：形成消化道（咽、食道、胃、肠等）和呼吸道（喉、气管、支气管等）的上皮，肺、肝、胰和咽部衍生的腺体（甲状腺，副甲状腺、胸腺等）以及泌尿系统的膀胱、尿道和附属腺体的上皮等。

　　中胚层：主要形成各种肌肉、骨骼、结缔组织以及皮肤的真皮，循环系统（心脏、血管和血液）、排泄系统（肾、输尿管）、生殖系统（生殖腺、生殖管道及附腺等）、气管和消化道的管壁、体腔膜等。

深度认识细胞

　　细胞之所以可以延续生命，并且后代还是细胞，是因为遗传规律在起着作用。下面我们来介绍细胞生命的遗传。

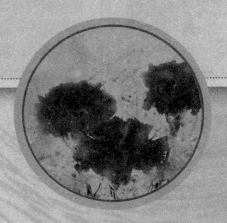

孟德尔的研究与发现

　　孟德尔选用豌豆做遗传试验有特定的理由：孟德尔发现，豌豆是闭花授粉的植物，由于长期闭花授粉，保证了豌豆的纯洁性，也就是说，一个开红花的豌豆品种，后代也开红花，高秆的豌豆后代也绝对不会出现矮秆。在豌豆中，红花与白花、高秆与矮秆、圆粒与皱粒是那样泾渭分明。这些泾渭分明的一对一对的豌豆花色、粒形等称为相对性状。正是由于豌豆的遗传相对性状泾渭分明，而闭花授粉的特点又使它们的遗传相对性状十分稳定，用具有这样特点的植物作研究，很容易观察到受异种花粉影响的效果。豌豆虽然是闭花植物，但花形比较大，用人工的办法拔除豌豆花中的雄蕊，给雌花送上花粉是容易办到的。

　　孟德尔胸有成竹地开始了前人没有进行过的遗传实验。他一丝不苟地拔除了红花豌豆的雄花，送上白花豌豆的花粉，得到了杂种第一代（F），第一代种子长出的豌豆开的是红花，让这第一代豌豆闭花授粉，得到了第二代种子，当第二代种子长出的植株开花时，除了 3/4 的植株开红花外，还有 1/4 的植株开的是白花。他把第一代出现的那个亲本的性状叫作显性性状，而未表现出来的那个亲本性状就叫作隐性性状。把第二代中两个亲本的性状同时出现的现象称为"分离现象"。孟德尔在用豌豆做杂交试验时，仔细地观察了如下 6 对差别鲜明的性状：

孟德尔

花的颜色：红色与白色；

种子的形状：圆形和皱形；

叶子的颜色：黄色和绿色；

开花的位置：腋生（即枝叉生）和顶生；

成熟豆荚的形状：饱满和萎缩；

植株的高度：高和矮。

最初的试验是将上述单个性状上有明显差别的两种豌豆（亲本）杂交，上述 6 组相对性状分别做了 6 次杂交。6 次杂交的结果具有惊人的一致性。那就是杂种一代都只出现一个亲本的性状，例如开红花的植株与开白花的植株杂交，杂种一代总是清一

你知道吗

亲　本

亲本是杂交亲本的简称，一般指动植物杂交时所选用的雌雄性个体。遗传学和育种工作上常用符号 P 表示。参与杂交的雄性个体叫父本，用符号 ♂ 表示；参与杂交的雌性个体叫母本，用符号 ♀ 表示。

色的红花；子叶是黄色的豌豆与子叶是绿色的豌豆杂交，子一代（F）总是具有黄色子叶的性状等，这种在杂种一代中只出现杂交双亲中一个亲本性状的现象在孟德尔观察的 6 对相对性状的杂交中，无一例外。此外，当杂种一代自花授粉时，得到了杂种二代种子。在 6 次杂交的杂种二代中，都出现了两个杂交亲本的性状，即都出现分离现象。更有趣的是杂种二代中，第一代出现过的那个亲本的性状（即显性性状）和第一代未出现的那个亲本的性状（即隐性性状）都为 3：1。

▶ 细菌的遗传

科学家们利用计算机辅助生物学技术，作了一次精彩的表演，他们破译了一种名叫幽门螺旋菌的全部基因结构。这种细菌容易导致胃溃疡或其他胃

病。有趣的是，科学家们还意外地发现它有许多狡猾的自我保护策略。

幽门螺旋菌这种细菌是致使人类生病的罪魁祸首之一，而如今科学家们利用计算机这种新手段大大推动了对它的破译进程。世界上通常有一半人身上都生长着这种微生物，只是它们并不导致人们生病。据研究发现，美国有近30%的成年人和逾半数的超过65岁的老人体内存在幽门螺旋菌。

让·弗朗西斯·图伯和由丁·克莱格·文特尔领导的位于马里兰州罗克维尔市的基因组研究所都为解开幽门螺旋菌基因组之谜作出了重大贡献。已破译的遗传基因组编码为研究者们提供了宝贵的参考资料。科学家们现在完全知道该细菌的组织器官都能做些什么和怎么做了，简直就像通晓敌人作战部署的大将军一样。这将大大有助于了解幽门螺旋菌的各种变异形式，了解由此导致的疾病，并研制出相应的治疗药品及疫苗。研究人员对此评价说："这项成果意义非凡，它将在许多领域促进研究的进步。"

知识小链接

疫 苗

疫苗是指为了预防、控制传染病的发生、流行，用于人体预防接种的疫苗类预防性生物制品。生物制品，是指用微生物或其毒素、酶，人或动物的血清、细胞等制备的供预防、诊断和治疗用的制剂。预防接种用的生物制品包括疫苗、菌苗和类毒素。

早在1983年以前，就有人提出幽门螺旋菌是胃溃疡病的诱因，时至今日，人们已认识到，它的确是导致90%此类疾病的诱因。可是1983年以后的10年间，常规的治疗思想始终认为，由紧张引发的胃酸过多是形成胃溃疡的病因，于是人们自然地采取了中和胃酸的方式来治疗此病，并生产出了相应的药物。

传统的观念是被两位澳大利亚医生推翻的。他们采取了基于一种抗生素的治疗方法。然而美中不足的是，抗生素售价很高，特别是在胃溃疡频繁发生的国家，人们不得不以更多样、更有效的治疗方法去满足不断增长的需要。

　　破译细菌的基因组编码尚是一种新的技术成果，还不能马上成为常规的技术方法。幽门螺旋菌基因组是第十五个将被公布的细菌基因组，此外还有十余个与此类似的病原菌处于不同的破译状态和进程中。生物学家们期望，当已破译基因组中的关键物质可以利用之后，关于细菌自我防护和进化的细节就会更多地显露出来。

　　研究成果表明，他们研究的幽门螺旋菌共有百万以上个 DNA 单位，这些显现指定遗传密码的化学物质外部排列着单环状染色体；沿着螺旋形 DNA 排列的就是遗传基因的编码序列。研究小组通过搜索电脑数据库已经发现了许多这样的遗传基因的功能。这种电脑数据库记录了其他有机体中已知功能基因的 DNA 排序。通过比较幽门螺旋菌遗传基因与记录在案的其他已知遗传基因，研究人员猜测到了前者的许多功能，也了解到了前者操纵整个细菌予以实施的自我防护策略。

　　这种基于电脑的研究方式，包括了从遗传基因到组织机能方面的内容，与微生物学家传统的研究策略截然相反，它已经深入到研究微生物的特性及其遗传基因。由于运用了已知的一切手段，这种计算机辅助方式大大促进了研究进程。

　　幽门螺旋菌是一种非常奇特的微生物，在胃这样的酸性环境中也能迅速繁殖。为避免被液体冲走，它需要钻入胃壁并粘在细胞上。此外，它还必须防御来自免疫系统的不断攻击。研究小组已经发现了发挥这些功能的基因。有一组基因负责制造在细菌细胞壁内的蛋白质并

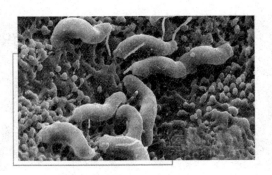

幽门螺旋菌

排斥出酸物质；另外一组基因吸入铁元素，铁元素在胃中极度缺乏但又是该细菌的重要组成部分。有些基因形成有力的尾巴推进自己，一个很大的基因群分泌类似胶质一样的蛋白质以便使细菌粘在胃的细胞壁上，此外一些基因还负责模拟特定的人类蛋白质。幽门螺旋菌拥有一套机灵的基因机制，其功能是使细菌持续变换它的防护衣的组织结构，以便始终领先于人类免疫系统对它的攻击。

知识小链接

幽门螺旋菌

　　幽门螺旋菌，简称 Hp。首先由巴里·马歇尔和罗宾·沃伦二人发现，此二人因此获得诺贝尔生理学或医学奖。幽门螺旋菌是一种单极、多鞭毛、末端钝圆、螺旋形弯曲的细菌。

　　幽门螺旋菌也许已经入侵人类数百万年之久，就是说从人类祖先开始。现代生活习惯已干扰了人类长时间以来对该细菌的适应方式，因而导致胃病、溃疡甚至有可能导致胃癌。研究人员表示，人类对幽门螺旋菌本身，以及它们与人类关系的理解仅仅是个开始。

认识 RNA

　　20 世纪 40 年代，人们运用细胞化学和紫外光细胞光谱法观察到凡是 RNA 含量丰富的组织中蛋白质的含量较多，就推测 RNA 和蛋白质生物合成有关。RNA 参与蛋白质生物合成过程的有 3 类：转运核糖核酸（tRNA）、信使核糖核酸（mRNA）和核糖体核糖核酸（rRNA）。

　　由至少几十个核糖核苷酸通过磷酸二酯键连接而成的一类核酸，因含核糖而得名，简称 RNA。RNA 普遍存在于动物、植物、微生物及某些病毒和噬菌体体内。RNA 和蛋白质生物合成有密切的关系。在 RNA 病毒和噬菌体体内，RNA 是遗传信息的载体。RNA 一般是单链线形分子；也有双链的如呼肠孤病毒 RNA；环状单链的如类病毒 RNA；1983 年还发现了有支链的 RNA 分子。

1965 年研究人员测定了第一个核酸——酵母丙氨酸转移核糖核酸的一级结构即核苷酸的排列顺序。此后，RNA 一级结构的测定有了迅速的发展。在信使 RNA 中，如哺乳类珠蛋白信使 RNA、鸡卵清蛋白信使 RNA 和许多蛋白质激素和酶的信使 RNA 等也弄清楚了。此外还测定了一些小分子 RNA 如 sn RNA 和病毒感染后产生的 RNA 的核苷酸排列顺序。类病毒 RNA 也有 5 种已知其一级结构，都是环状单链。

除一级结构外，RNA 分子中还有以氢键连接碱基（A 对 U；G 对 C）形成的二级结构。RNA 的三级结构，其中研究得最清楚的是运转 RNA，1974 年用 X 射线衍射研究酵母苯丙氨酸运转 RNA 的晶体，已确定它的立体结构呈倒 L 形（见转移核糖核酸）。

RNA 一级结构的测定常利用一些具有碱基专一性的工具酶，将 RNA 降解成寡核苷酸，然后根据两种（或更多）不同工具酶交叉分解的结果，测出重叠部分，来决定 RNA 的一级结构。

牛胰核糖核酸酶是一种内切核酸酶，专一地切在嘧啶核苷酸的 3′－磷酸和其相邻核苷酸的 5′－羟基之间。而核糖核酸酶 T1 是专一地切在鸟苷酸的

广角镜

立体结构

立体结构又称垂直结构，是指农业生物之间在空间垂直方向上的配置组合，即在一定单位面积土地（或水域、区域）上，根据自然资源的特点和不同农业生物的特性，在垂直方向上建立由多物种共存、多层次配置、多级质能循环利用的立体种植、养殖等的生态系统，从而高度地利用自然资源，增进土壤肥力，减少环境污染，获得更多的物质产量，达到经济、生态和社会效益的统一。

3′－磷酸和其相邻核苷酸的 5′－羟基之间的内切核酸酶，它作用于核苷酸，则得到 AG、UCG、G 和 UAG4 种产物。根据产物的性质，就可以排列出 9 核苷酸的一级结构。

除上述两种核糖核酸酶外，还有黑粉菌核糖核酸酶（RNase U2），专一地切在腺苷酸和鸟苷酸处，和高峰淀粉酶核糖核酸酶 T1 联合使用，可以测定腺苷酸在 RNA 中的位置。多头绒孢菌核糖核酸酶（RNase Phy）除了 CpN 以外的二核苷酸都能较快地水解，因此和牛胰核糖核酸酶合用可以区别 Cp 和 Up 在 RNA 中的位置。

▶ DNA 双螺旋结构的发现

DNA 双螺旋：一种核酸的构象，在该构象中，两条反向平行的多核苷酸链相互缠绕形成一个右手的双螺旋结构。碱基位于双螺旋内侧，磷酸与糖基在外侧，通过磷酸二酯键相连，形成核酸的骨架。碱基平面与构象的中心轴垂直，糖环平面则与轴平行，两条链皆为右手螺旋。双螺旋的直径为 2 纳米，碱基堆积距离为 0.34 纳米，两核苷酸之间的夹角是 36°，每对螺旋由 10 对碱基组成，碱基按 A－T，G－C 配对互补，彼此以氢键相联系。维持 DNA 双螺旋结构稳定的力主要是碱基堆积力。双螺旋表面有两条宽窄深浅不一的大沟和小沟。

大沟和小沟：绕 DNA 双螺旋表面上出现的螺旋槽（沟），宽的沟称为大沟，窄沟称为小沟。大沟、小沟都是由于碱基对堆积和糖磷酸骨架扭转造成的。

DNA 超螺旋：DNA 本身的卷曲一般是 DNA 双螺旋的弯曲欠旋（负超螺旋）或过旋（正超螺旋）的结果。

1953 年 4 月 25 日，克里克和沃森在英国杂志《自然》上公开了他们的 DNA 模型。经过在剑桥大学的深入学习后，两人将 DNA 的结构描述为双螺旋，在双螺旋的两部分之间，由四种化学物质组成的碱基对扁平环连接着。

他们谦逊地暗示说，遗传物质可能就是通过它来复制的。这一设想是令人震惊的：DNA 恰恰就是传承生命的遗传模板。

1953 年沃森和克里克提出著名的 DNA 双螺旋结构模型，他们构造出一个右手性的双螺旋结构。当碱基排列呈现这种结构时分子能量处于最低状态。沃森后来撰写的《双螺旋：发现 DNA 结构的故事》中，有多张 DNA 结构图，全部是右手性的。这种双螺旋展示的是 DNA 分子的二级结构。那么在 DNA 的二

拓展阅读

碱 基

碱基，在生物化学中又称核碱基、含氮碱基，是形成核苷的含氮化合物，核苷又是核苷酸的组成部分。碱基、核苷和核苷酸是核酸的基本构件。

级结构中是否只有右手性呢？回答是否定的。虽然多数 DNA 分子是右手性的，如 A－DNA、B－DNA（活性最高的构象）和 C－DNA 都是右手性的，但 1979 年 Rich 提出一种局部上具有左手性的 Z－DNA 结构。现在证明，这种左手性的 Z－DNA 结构只是右手性双螺旋结构模型的一种补充。21 世纪是信息时代或者生命信息的时代，仅北京就有多处立起了 DNA 双螺旋的建筑雕塑，其中北京大学的一个研究所门前就立有一个巨大的双螺旋模型。人们容易把它想象为 DNA 模型，其实是不对的，因为雕塑是左旋的，整体具有左手性。就算 Z－DNA 可以有左手性，也只能是局部的。因此，雕塑造形整体为一左手性的双螺旋是不恰当的，至少用它暗示 DNA 的一般结构是错误的。

▶ DNA 的复制过程

DNA 复制的最主要特点是半保留复制、半不连续复制。在复制过程中，原来双螺旋的两条链并没有被破坏，它们分成单独的链，每一条旧链作为模

板再合成一条新链，这样在新合成的两个双螺旋分子中，一条链是旧的而另外一条链是新的，因此这种复制方式被称为半保留复制。

DNA 双螺旋的两条链是反向平行的，一条是 $5'{\rightarrow}3'$ 方向，另一条是 $3'{\rightarrow}5'$ 方向。在复制起点处，两条链解开形成复制泡，DNA 向两侧复制形成两个复制叉。随着 DNA 双螺旋的不断解旋，两条链变成单链形式，可以作为模板合成新的互补链。但是，生物细胞内所有的 DNA 聚合酶都只能催化 $5'{\rightarrow}3'$ 延伸。因此，以 $3'{\rightarrow}5'$ 的链为模板链时，DNA 聚合酶可以沿 $5'{\rightarrow}3'$ 的方向合成互补的新链，这条链称为前导链。当以另一条链为模板时则不能连续合成新链，被称为滞后链。这时，DNA 聚合酶从复制叉的位置开始向远离复制叉的方向合成大约 1～2 kb 的新链片段，待复制叉向前移动相应的距离后，又重复这一过程，合成另一个类似大小的新链片段，这些片段被称为冈崎片段。最后，由一种 DNA 聚合酶和 DNA 连接酶负责把这些冈崎片段之间的 RNA 引物除去，并把缺口补平，使冈崎片段连成完整的 DNA 链。这种前导链的连续复制和滞后链的不连续复制在生物细胞中是普遍存在的，称为 DNA 合成的半不连续复制。

◎ 参与 DNA 复制的物质

DNA 的复制是一个复杂的过程，需要 DNA 模板、合成原料——三磷酸核苷酸、酶和蛋白质等多种物质的参与。

解旋酶：DNA 复制涉及的第一个问题就是 DNA 两条链要在复制叉位置解开。DNA 双螺旋并不会自动解旋，细胞中有一类特殊的蛋白质可以促使 DNA 在复制叉处打开，这就是解旋酶。解旋酶可以和单链 DNA 以及 ATP 结合，利用 ATP 分解生成 ADP

广角镜

解旋酶

解旋酶是一类解开氢键的酶，是由水解 ATP 供给能量来解开 DNA 的酶。它们常常依赖于单链的存在，并能识别复制叉的单链结构。一般在 DNA 或 RNA 复制过程中起到催化双链 DNA 或 RNA 解旋的作用。

时产生的能量沿 DNA 链向前运动促使 DNA 双链打开。

单链 DNA 结合蛋白：解旋酶沿复制叉方向向前推进产生了一段单链区，但是这种单链 DNA 极不稳定，很快就会重新配对形成双链 DNA 或被核酸酶降解。在细胞内有大量单链 DNA 结合蛋白，能很快地和单链 DNA 结合，防止其重新配对或降解。SSB 结合到单链 DNA 上之后，使 DNA 呈伸展状态，有利于复制的进行。当新 DNA 链合成到某一位置时，该处的 SSB 便会脱落，可以重复利用。

DNA 拓扑异构酶：DNA 在细胞内往往以超螺旋状态存在，DNA 拓扑异构酶催化同一 DNA 分子不同超螺旋状态之间的转变。DNA 拓扑异构酶有两类。DNA 拓扑异构酶 I 的作用是暂时切断一条 DNA 链，形成酶—DNA 共价中间物，使超螺旋 DNA 松弛，再将切断的单链 DNA 连接起来，不需要任何辅助因子，如大肠杆菌的 ε 蛋白；DNA 拓扑异构酶 II 能将负超螺旋引入 DNA 分子，该酶能暂时性地切断和重新连接双链 DNA，同时需要 ATP 水解提供能量，如大肠杆菌中的 DNA 旋转酶。

引物酶：引物酶在复制起点处合成 RNA 引物，引发 DNA 的复制。它与 RNA 聚合酶的区别在于可以催化核糖核苷酸和脱氧核糖核苷酸的聚合，而 RNA 聚合酶只能催化核糖核苷酸的聚合，其功能是启动 DNA 转录合成 RNA，将遗传信息由 DNA 传递到 RNA。

DNA 聚合酶：DNA 聚合酶最早是在大肠杆菌中发现的，以后陆续在其他原核生物中找到。它们的共同性质是：以 dNTP 为前体催化 DNA 合成；需要模板和引物的存在；不能起始合成新的 DNA 链；催化 dNTP 加到生长中的 DNA 链的 3′-OH 末端；催化 DNA 合成的方向是 5′→3′。

DNA 连接酶：DNA 连接酶是 1967 年在三个实验室同时被发现的。它是一种封闭 DNA 链上缺口的酶，借助 ATP 或 NAD 水解提供的能量催化 DNA 链的 5′磷酸基团的末端与另一 DNA 链的 3′-OH 生成磷酸二酯键。只有两条紧邻的 DNA 链才能被 DNA 连接酶催化连接。

◎ DNA 复制的引发

所有 DNA 的复制都是从固定起始点开始的，而目前已知的 DNA 聚合酶都只能延长已存在的 DNA 链，而不能从头合成 DNA 链，那么一个新 DNA 的复制是怎样开始的呢？研究发现，DNA 复制时，往往先由 RNA 聚合酶在 DNA 模板上合成一段 RNA 引物，再由 DNA 聚合酶从 RNA 引物 3′端开始合成新的 DNA 链。对于前导链来说，这一引发过程比较简单，只要有一段 RNA 引物，DNA 聚合酶就能以此为起点一直合成下去。但对于滞后链来说，引发过程却十分复杂，需要多种蛋白质和酶的协同作用，还牵涉冈崎片段的形成和连接。

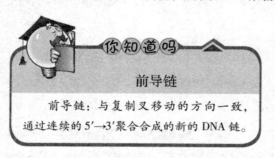

你知道吗

前导链

前导链：与复制叉移动的方向一致，通过连续的 5′→3′聚合成的新的 DNA 链。

滞后链的引发过程通常由引发体来完成。引发体由 6 种蛋白质共同组成，只有当引发前体与引物酶组装成引发体后才能发挥其功效。引发体可以在滞后链分叉的方向上移动，并在模板上断断续续地引发生成滞后链的引物 RNA。由于引发体在滞后链模板上的移动方向与其合成引物的方向相反，所以在滞后链上所合成的 RNA 引物非常短，长度一般只有 3~5 个核苷酸。

在同一种生物体细胞中这些引物都具有相似的序列，表明引物酶要在 DNA 滞后链模板上比较特定的位置上才能合成 RNA 引物。DNA 复制开始处的几个核苷酸最容易出现差错，用 RNA 引物即使出现差错最后也要被 DNA 聚合酶 I 切除，以提高 DNA 复制的准确性。

RNA 引物形成后，由 DNA 聚合酶Ⅲ催化将第一个脱氧核苷酸按碱基互补配对原则加在 RNA 引物 3′－OH 端而进入 DNA 链的延伸阶段。

◎ DNA 链的延伸

DNA 新链的延伸由 DNA 聚合酶Ⅲ所催化。为了复制能不断进行，DNA

解旋酶须沿着模板前进，边移动边解开双链。由于 DNA 的解链，在 DNA 双链区势必产生正超螺旋，在环状 DNA 中更为明显，当达到一定程度后就可能造成复制叉难以再继续前进，但在细胞内 DNA 的复制不会因出现拓扑学问题而停止，因为拓扑异构酶会解决这一问题。

随着引发体合成 RNA 引物，DNA 聚合酶Ⅲ全酶开始不断将引物延伸，合成 DNA。DNA 聚合酶Ⅲ全酶是一个多亚基复合二聚体，一个单体用于前导链的合成，另一个用于滞后链的合成，因此它可以在同一时间分别复制 DNA 前导链和滞后链。虽然 DNA 前导链和滞后链复制的方向不同，但如果滞后链模板环绕 DNA 聚合酶Ⅲ全酶，并通过 DNA 聚合酶Ⅲ，然后再折向未解链的双链 DNA 的方向上，则滞后链合成可以和前导链合成在同一方向上进行。

当 DNA 聚合酶Ⅲ沿着滞后链模板移动时，由特异的引物酶催化合成的 RNA 引物即可以由 DNA 聚合酶Ⅲ所延伸，合成 DNA。当合成的 DNA 链到达前一次合成的冈崎片段的位置时，滞后链模板及刚合成的冈崎片段从 DNA 聚合酶Ⅲ上释放出来。由于复制叉继续向前运动，便产生了又一段单链的滞后链模板，它重新环绕 DNA 聚合酶Ⅲ全酶，通过 DNA 聚合酶Ⅲ开始合成新的滞后链冈崎片段。通过这种机制，前导链的合成不会超过滞后链太多，这样引发体在 DNA 链上和 DNA 聚合酶Ⅲ以同一速度移动。在复制叉附近，形成了以 DNA 聚合酶Ⅲ全酶二聚体、引发体和解旋酶构成的类似核糖体大小的以物理方式结合成的复合体，称为 DNA 复制体。复制体在 DNA 前导链模板和滞后链模板上移动时便合成了连续的 DNA 前导链以及由许多冈崎片段组成的滞后链。当冈崎片段形成后，DNA 聚合酶Ⅰ通过其 $5' \rightarrow 3'$ 外切酶活性切除冈崎片段上的 RNA 引物，并利用后一个冈崎片段作为引物由 $5' \rightarrow 3'$ 合成 DNA 填补缺口。最后由 DNA 连接酶将冈崎片段连接起来，形成完整的 DNA 滞后链。

核 酸

在遗传上真正值得注意的不是那些让人惊奇的相当少见的异常，而是遗传都是严格地忠于原来的形式。一代接着一代，一千年又一千年，基因不断一模一样地复制着自己，制造着完全同样的酶，只是偶尔才会发生意外差错。它们很少能错到在一个巨大的蛋白质分子里并进去一个不该弄进去的氨基酸。那么，它们怎么能一次次地制造完全和自己相同的翻版，而且那么一模一样呢？

基因是由两种主要成分构成的。它一半是蛋白质，可是另外一半却不是。我们现在就来看看不是蛋白质的那部分。

1869 年，瑞士有位生物化学家名叫米歇尔，在用胃蛋白酶分解细胞的蛋白质的时候，发现这种酶不能分解细胞核。核缩小了一点，可是仍保持完整。经过化学分析，米歇尔发现，细胞核主要是由一种含磷的物质构成的，它的性质完全不像蛋白质。他把这种物质叫作核素。20 年以后，人们发现这种物质是强酸，就把它改称为"核酸"。

基本 小知识

核 素

核素是指具有同样数目质子和同样数目中子的同一种原子。例如，原子核里有 6 个质子和 6 个中子的碳原子，质量数是 12，称为碳－12 核素。

米歇尔一生致力于研究这种新的物质，他终于发现，精子细胞里核酸特别丰富（其中除了细胞核以外，没有多少其他物质）。就在那时，德国的化学家霍佩·赛勒也从酵母细胞分离出了核酸。（米歇尔就是在霍佩·赛勒的实验室里完成了他的首次发现的。霍佩·赛勒在他自己证实了米歇尔这个年轻人的工作以后，才允许米歇尔把它发表。）因为酵母细胞的性质和米歇尔的材料不同，所以米歇尔的那种被称为"胸腺核酸"（因为从动物的胸腺里很容易得到它），而霍佩·赛勒的那种自然就叫"酵母核酸"。因为胸腺核酸最早能从动物细胞里取得，而酵母核酸只能从植物细胞里取得，有一段时间人们还以为这可能就代表动物和植物在化学上的一般差别呢。

德国的生物化学家科赛尔是霍佩·赛勒的学生。他是第一个系统地研究核酸分子结构的人。他把核酸水解，从而分离出一些含氮的化合物，他称它们为"腺嘌呤""鸟嘌呤""胞嘧啶"和"胸腺嘧啶"。

科赛尔的这些发现启发了一系列很有成果的发现，他因此获得了 1910 年的诺贝尔医学与生理学奖。

1911 年，生物化学家莱文作了进一步的研究。科赛尔在 1891 年就已经发现核酸里有碳水化合物，莱文这时则进一步证明，核酸里含有由五个碳原子组成的糖分子。（在那个时候，这是个不寻常的发现。大家熟悉的糖都有六个碳，例如葡萄糖就有六个碳。）

莱文又继续证明，这两种核酸之所以不同，是因为其中五碳糖的性质不同。

因此，这两种核酸就称为"核糖核酸"（RNA）和"脱氧核糖核酸"（DNA）。

这两种核酸除了糖不一样以外，它们的嘧啶也有不同。在 RNA 里，"尿嘧啶"代替了胸腺嘧啶。

1934 年，莱文证明了，核酸能分解成含有一个嘌呤（或一个嘧啶）、一个核糖（或一个脱氧核糖）和一个磷酸的一些断片。这样一个组合称为"核苷酸"。莱文认为，核酸分子是由核苷酸构成的，正像蛋白是由氨基酸构成的那样。根据定量分析，他认为核酸分子是只由 4 个核苷酸单元构成的：一个含有腺嘌呤，一个含有鸟嘌呤，一个含有胞嘧啶，一个含有腺嘧啶（在 DNA 里）或尿嘧啶。但是后来发现，莱文所分离出来的不是核酸的整个分子，而是核酸分子的断片。在上世纪 50 年代中期，生物化学家们发现，核酸的分子量高达 600 万。可见，核酸分子的确和蛋白质分子一样大，甚至可能更大。

拓展阅读

核苷酸

核苷酸，一类由嘌呤碱或嘧啶碱、核糖或脱氧核糖以及磷酸三种物质组成的化合物。戊糖与有机碱合成核苷，核苷与磷酸合成核苷酸，四种核苷酸组成核酸。核苷酸主要参与构成核酸，许多单核苷酸也具有多种重要的生物学功能，如与能量代谢有关的三磷酸腺苷（ATP）、脱氢辅酶等。

英国生物化学家托德弄清了核苷酸到底是怎样互相连接组合在一起的。他用比较简单的碎片合成核苷酸，并且在只允许以一种方式结合的情况下，小心地把各种核苷酸联结起来。因为这项工作，他获得了 1957 年的诺贝尔化学奖。

结果，可以看出核酸的基本结构和蛋白质的一般结构有相似之处。蛋白质分子有个多肽骨架，从它上面突起一个个氨基酸侧链。在核酸里，一个核苷酸的糖和挨着的那个核苷酸的糖由一个磷酸连起来。因此，在整个分子里贯穿着一个"糖—磷酸骨架"。从这个骨架上伸出许多嘌呤和嘧啶，从每一个核苷酸上都伸出一个。

研究者们用细胞染色的办法，开始弄清了核酸在细胞里的位置。德国化学家蕊尔根用一种只使 DNA 染色、而不使 RNA 染色的红颜料，发现 DNA 位于细胞核里，特别是在染色体里。他发现，不仅在动物细胞里是这样，在植物细胞里也是这样。此外，他又把 RNA 染色，发现在动物和植物的细胞里也都有 RNA。简单地说，核酸是普遍存在于各种活细胞里的物质。

瑞士的生物化学家卡斯波森进一步研究了这个问题。他用一种能把单类核酸分解成可溶成分（因而能把它从细胞里溶解掉）的酶，把这种核酸除去，并专门注意另外的那种核酸。由于核酸对紫外线的吸收比细胞的其他成分强得多，他就用紫外线照相，从而把剩下的 DNA 和 DNA 在细胞内的位置弄清楚。结果表明，DNA 只存在于染色体中。RNA 主要是在胞浆的一些颗粒里。有些 RNA 也存在于细胞核内的一种结构——"核仁"里。

卡斯波森的照片表明，DNA 位于染色体的染色带里。这样，DNA 分子有没有可能就是基因呢？要知道，到这个时候为止，基因一直还是种相当含糊的隐形物。

20 世纪 40 年代，生物化学家跟着这个先导前进，兴致越来越高。他们发现，特别有意义的是，在一种生物的细胞里，DNA 的数量总是非常恒定的；可是，在卵细胞和精子里，DNA 的数量只有这个量的一半。这是可以预料到的，因为卵细胞和精子的染色体只有正常细胞的一半。染色体里的蛋白质和 DNA 的数量可以完全不同，可是 DNA 的数量则总是不变。这确实好像是表明，DNA 和基因有密切的关系。

当然，有一系列情况并不支持这种想法。例如，染色体里的蛋白质是怎么回事？有几种蛋白质和核酸一起结合成"核蛋白"。想想蛋白质的复杂性和它在身体其他功能中的巨大的、特殊的重要意义，难道不应该把核蛋白分子中的蛋白质看作是更为重要的成分吗？核酸也许只是个附件，也许最多只是分子上的一个功能部分，就像血红蛋白里的血红素那样。

你知道吗

血红素

血红素是（血红蛋白）分子上的主要稳定结构，为血红蛋白、肌红蛋白等的辅基。分子式：$C_{34}H_{32}N_4FeO_4$。正常值：男性介于 13.5～17.5g/dl，女性介于 12～16g/dl。如果超出正常范围，常见的原因包括：脱水、心肺疾病（如慢性阻塞性肺病、心衰竭）、高山症、红血球过多症（Polycythemia vera）等。

可是，在分离出的核蛋白里最常见的蛋白质（称为鱼精蛋白和组蛋白）是比较简单的一些蛋白质。与此同时，人们越来越发现 DNA 要复杂得多。本末开始颠倒了。

在这个时候，有些重要的证据似乎表明，原来那个"末"实际上就是

"本"。这件事关系到引起肺炎的微生物——肺炎球菌。细菌学者很早就研究了在实验室里培养的两种肺炎球菌：一种是有复杂的碳水化合物构成的光滑外衣，另一种没有这个外衣，外表是粗糙的。显然，粗糙的那一种缺少制造碳水化合物荚膜的某种酶。有个英国的细菌学家格里菲思发现，假如把死的光滑型细菌和活的粗糙细菌混合起来，注射到小老鼠体内，在这个受感染的小老鼠的组织里，最后会得到活的光滑型的肺炎球菌！这是怎么回事呢？死的肺炎球菌肯定是不能复活的。一定有什么东西把粗糙型的肺炎球菌转化了，使它能够制出光滑的外衣来。这个东西是什么呢？它显然是光滑型的死菌所提供的某种因子。

1944 年，美国的三个生物化学家艾弗里、麦克劳德和麦卡蒂弄清楚了那个起转化作用的因子。它就是 DNA。他们从光滑型肺炎球菌里分离出纯的 DNA，把它加给粗糙型，单单这样做，就足以把相对粗糙型转变成光滑型了。

研究者们继续分离出能转化其他细菌和其他性质的因子，并且发现，每一种这类因子都是某种 DNA。结论只有一个，这就是：DNA 可以起基因的作用。事实上，许多方面的研究（特别是用病毒做的）都发现，从遗传观点上看，和 DNA 在一起的蛋白质是多余的；不论是染色体里的 DNA，还是非染色体性遗传时的胞浆小体（如叶绿体）中的 DNA，其本身都有全部遗传效能。

假如 DNA 是遗传的关键，那么，它一定要有个很复杂的结构：为了合成各种特殊的酶，它必须带有精确的图式，或带有说明的密码（"遗传密码"）。假如它是由四种核苷酸构成的，它不能像 1，2，3，4，1，2，3，4，1，2，3，4 这样有规则地连在一起。这样构成的一个分子就太简单了，不能起应有的作用。美国的生物化学家查尔加夫和他的同事在 1948 年发现，有确凿的证据说明：核酸的组成远比过去所想象的要复杂得多。他们的分析表明，各种嘌呤和嘧啶的含量并不相等，在不同的核酸里，它们的比例也不一样。

　　所有这一切似乎都表明，在 DNA 骨架上四种嘌呤和嘧啶的分布，正像肽的骨架上氨基酸的分布那样，是非常杂乱的。可是，似乎也有一些规律。在每一个 DNA 分子中，嘌呤的总数似乎总是和嘧啶的总数相同。此外，腺嘌呤（一种嘌呤）的数目总是等于胸腺嘧啶（一种嘧啶）的数目；而鸟嘌呤（另外那种嘌呤）的数目总是和另外那种嘧啶——胞嘧啶的数目一样。

　　把腺嘌呤写成 A，鸟嘌呤写成 G，胸腺嘧啶写成 T，胞嘧啶写成 C，嘌呤就是 A＋G，嘧啶就是 T＋C。

　　此外，还发现有更多的普遍规律。早在 1938 年，阿斯特伯里就已指出，核酸能使 X 射线散射成衍射图像，这表明它的分子里有规则的结构。新西兰出生的英国生物化学家威尔金斯计算出，这些规则结构之间的距离比核苷酸与核苷酸之间的距离要大得多。合乎逻辑的一个结论就是核酸分子形成螺旋状，螺旋上一个一个的圈形成了在 X 射线下看到的重复的单元。因为当时鲍林已证明了某蛋白质分子具有螺旋结构，所以，这个想法就更加吸引人了。

　　那些嘌呤和嘧啶怎么能沿着这两条平行的链装配起来呢？为了装配得有规则，一边的双环嘌呤一定对着另外一边的单环嘧啶，这样，一共就有三个环的宽度。如果是两个嘧啶就达不到这个宽度；可是两个嘌呤又会超过这个宽度。此外，一个链上的腺嘌呤一定对着另一个链上的胸腺嘧啶；一边的鸟嘌呤一定对着另一边的胞嘧啶。这样，就能解释 A＝T，G＝A，A＋T＝G＋G 的现象了。

经证实，核酸的这个"沃森—克里克模型"是非常有用的，所以威尔金斯、克里克和沃森分享了1962年的诺贝尔医学与生理学奖。

总体来说，每半个分子都在形成它自己所缺的那一半的过程中起主导作用，并都用氢键和后者固定起来。通过这种方式，它就重新形成了完整的双螺旋DNA分子。原来那个DNA分子分成的两个半个分子，这时就在原来只有一个分子的地方形成了两个分子。一个染色体上的全部DNA都完成了这个过程，就制造出和原来那个染色体完全相同的两个染色体。偶然也会出现毛病：亚原子粒子或高能辐射的轰击，或者某些化学物质的作用，都能使新形成的染色体在某个地方出毛病。结果就是发生了突变。

知识小链接

亚原子粒子

次原子粒子又称亚原子粒子，指结构比原子更小的子。其中包括原子的组成部分如电子、质子和中子（质子和中子本身又是由夸克所组成的粒子）、放射和散射所造成的粒子如光子、中微子和渺子，以及许多其他奇特的粒子。

支持这种复制机制的人数在日益增多。可以用重氮标记染色体，然后追踪这些标记物质在细胞分裂时的命运。这样的示踪研究似乎证实了这个学说。除此以外，还弄清了一些在复制过程中起作用的重要的酶。

1955年，生物化学家奥乔亚从一种细菌（因氮菌）中分离出一种酶，经证明，它能催化核苷酸形成RNA。1956年，奥乔亚以前的学生科恩伯格从另一种细菌（大肠杆菌）里分离出另一种酶，它能催化核苷酸形成DNA。于是，奥乔亚用核苷酸合成了类似RNA的分子，科恩伯格同样合成了类似DNA的分子。（这两个人分享了1959年的诺贝尔医学与生理学奖。）科恩伯格还证明，用天然的DNA作为模板，它的酶就能催化形成和这个天然DNA分子完全一样的分子。1965年，伊利诺斯大学的施皮格尔曼用从一种活病毒（最简单的一类生物）得到的 RNA，也制成了同样的分子。因为制成的分子具有那种病毒的基本特性，它是至今在试管里制成的最接近生命的东西。1967 年，科恩伯格和其他人用活病毒的 DNA 作为模板，也做到了这一点。

能表现出简单的生命现象的 DNA 的数量可以很少，病毒只是一个分子，而且还能再小些。1967 年，施皮格尔曼让一个病毒的核酸进行复制，经过一些时间，间隔越来越短地从复制品当中选出标本，再用来复制。用这个办法，他选出了能极快完成这个任务的分子，因为这些分子比一般的小。最后，他把病毒缩小到正常大小的 1/6，把复制的速度提高了 15 倍。

虽然在细胞里复制的是 DNA，可是很多比较简单的（小于细胞的）病毒则只含有 RNA。在这类病毒里复制着双股的 RNA 分子。而细胞里的 RNA 是单股的，而且也不能进行复制。

不过，单股的结构和复制并不是互相排斥的。美国生物物理学家辛希默曾发现一株由单股 DNA 构成的病毒。那个 DNA 分子也必须自我复制；同时，它只有一股，怎么能进行复制呢？答案并不复杂。这个单股分子先制出它自己的互补分子，然后再制造"互补分子的互补分子"，也就是原来那一股的复制品。

单股结构显然比双股结构的效率低。这可能就是单股结构只存在于某些简单的病毒里，而双股结构则存在于所有其他生物中的缘故。因为：①单股结构必须分两步来进行自我复制，而双股结构只要一步就行了。②在 DNA 分子中似乎只有一股是重要的功能结构，可以说它是分子的刃。和刃互补的那一半，可以看作是保护刃的鞘。除了在真正使用的时候以外，双股结构好像是有保护着的刃。而单股结构则像是暴露在外面的刃，会不断因为意外而变钝。

但是，复制只不过是让 DNA 分子存在下去。那么，它是怎样完成它的工作——合成某种特定的酶，也就是某种特定的蛋白质分子呢？要制成一个蛋白质分子，DNA 分子必须按照某种特定的顺序把大量氨基酸分裂成一个由上千上万个单元构成的分子。对于每一个位置，它必须从 20 种左右不同的氨基酸当中选用一个合适的氨基酸。假如在 DNA 分子里有相应的 20 个单元，那是不困难的。可是，DNA 是只由 4 种不同的构件（4 种核苷酸）构成的。考虑到这一点，天文学家盖莫夫在 1954 年认为，这些核苷酸的不同组合可能就是我们现在称为"遗传密码"的那种东西（就像是莫尔斯电码可以用点和横的不同组合来代表字母、数字等）。

如果每次从四种不同的核苷酸 A，G，C，T 当中拿出两个，就可以有 4 × 4 也就是 16 种可能的组合（AA，AG，AC，AT，GA，GG，GA，GT，CA，AG，AC，CT，TA，TG，TA 和 TT）。这还不够用。如果每一次拿三个，就有 4 × 4 × 4 = 64 种不同的组合，这就绰绰有余了。

似乎可以认为，每一种"核苷酸三联体"或"密码子"代表一种特定的氨基酸。但是，既然有那么多种不同的密码子，就很可能会有两种甚至三种不同的密码子同时代表某一种氨基酸。在这种情况下，遗传密码就会像使用密码的人所说的那样"简并化"了。

广角镜

密码子

密码子，RNA 分子中每相邻的三个核苷酸编成一组，在蛋白质合成时，代表某一种氨基酸。科学家们已经发现，信使 RNA 在细胞中能决定蛋白质分子中的氨基酸种类和排列次序。也就是说，信使 RNA 分子中的四种核苷酸（碱基）的序列能决定蛋白质分子中的 20 种氨基酸的序列。

这里还有两个大问题：究竟哪一个或哪些密码子代表哪个氨基酸？另外，既然遗传密码安安全全地锁在细胞核里（只有细胞核内才有 DNA），那么，密码信息是怎样到达胞浆内形成酶的地方呢？

我们先看看第二个问题，就会很快想到 RNA 是起媒介作用的物质。最早这么想的是法国生物化学家雅各布和莫诺。起这种作用的 RNA 的结构应该很像 DNA，它们之间所存在的差异不应该影响遗传密码。在 RNA 中核糖代替了脱氧核糖（每个核苷酸上多了一个氧原子），尿嘧啶代替了胸腺嘧啶（每个核苷酸上少了一个甲基 CH_3）。此外，RNA 虽然主要存在于胞浆里，但在染色体里也有一点。

因此，不难看出和证实所发生的情况。当 DNA 分子的两双结构脱开以后，其中的一股（并且总是那一股，也就是那个刃）就开始复制自己的结构，但是不用形成 DNA 分子的核苷酸，而是用形成 RNA 分子的核苷酸。这样，DNA 这一股上的腺嘌呤便不连上胸腺核苷酸，而是连上尿嘧啶核苷酸：这时形成的 RNA 分子带着印在它核苷酸排列上的遗传密码，就可以从细胞核进到胞浆里。

因为这种 RNA 分子带着 DNA 的"信息"，所以就称它为"信使 RNA"，或者简称为"mRNA"。

生物化学家帕拉德用电子显微镜仔细研究了以后，在 1956 年发现了制造酶的地方是胞浆里的一些细小的颗粒，它们的直径约为 10^{-6} 厘米。它们富含 RNA，所以被称为"核糖体"。在一个细菌细胞里，核糖体多达 15 000 个，而在哺乳类的一个细胞里大概还要多 10 倍。它们是细胞内各种颗粒（或"细胞器"）中最小的一种。人们很快就断定，结构上带着遗传密码的信使 RNA 到了核糖体，把自己铺在一两个核糖体上，这些核糖体就成了合成蛋白质的场所。

▶ 生命遗传中心法则及 RNA 的发现

世界生命科学界在 1968 年建立了分子生物学的"圣经"——中心法则。中心法则确定的基因控制细胞活动的工作原理是：基因是核酸分子中贮存遗传信息的遗传单位，是指贮存 RNA 序列及表达这些信息所必需的全部核苷酸序列；基因是由 DNA 分子产生 RNA 分子的转录过程，以及由 RNA 分子指导蛋白质合成的翻译过程，来控制细胞活动的。

基因表达是指生物基因组中结构基因所携带的遗传信息经过转录、翻译

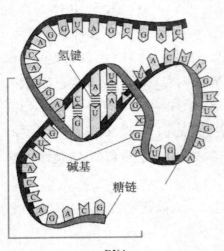

氢键

碱基

糖链

RNA

等一系列过程合成特定的蛋白，进而发挥其特定的生物学功能和反应的全过程。DNA 可以作为模板直接指导 RNA 分子的生物合成，这一过程称为转录。然而 DNA 不能作为直接模板将其携带的遗传信息转移到蛋白质分子中，需要先通过转录过程将遗传信息传递到 RNA 分子中，再通过翻译过程将 RNA 分子上的核苷酸序列信息转变为蛋白质分子中的氨基酸序列。转录和翻译是基因表达过程的两个主要阶段。原核生物细胞没有细胞核，RNA 的转录、翻译和降解偶联进行；真核细胞中，RNA 需要从细胞核转运到细胞质中，转录和翻译两个过程发生在不同的空间。

基本小知识

模 板

模板为核酸中的碱基序列，它可以用作 DNA 或 RNA 互补链合成的基础。DNA 复制或转录时，用来产生互补链的核苷酸序列。

科学研究证实：RNA 在生命活动中具有承前启后的重要作用，它和蛋白质共同负责基因的表达和表达过程的调控。RNA 通常以单链形式存在，但也有复杂的局部二级结构或三级结构，以完成一些特殊功能。RNA 分子比 DNA 分子小得多，小的仅由数十个核苷酸，大的由数千个核苷酸通过磷酸二脂键连接而成。由于它的功能多样，因此它的种类、大小和结构都远比 DNA 多样化。

20 世纪 50 年代中期，DNA 决定蛋白质合成的作用已经得到了公认。当时要解决的难题是：DNA 主要存在于细胞核，如果作为蛋白质合成的模板，如何解释蛋白质合成是在细胞质中进行的这一事实？如果 RNA 是模板，DNA 的基因作用又如何解释？尽管在 20 世纪 40 年代初期，一部分 RNA 研究者已经发现细胞质内蛋白质的合成速度与 RNA 水平相关，但是直到 1960 年用放射性实验证实，一类不同于核蛋白体 RNA（rRNA）的大小不一的 RNA 分子才是蛋白质在细胞内合成的模板。后来又确认了这些 RNA 是在核内以 DNA 为模板合成，然后转移至细胞质这一重要事实。

由此很自然地得出了结论：DNA 决定蛋白质合成的作用是通过这类特殊的 RNA 实现的。

DNA 分子上的遗传信息是决定蛋白质氨基酸序列的原始模板，mRNA 是蛋白质合成的直接模板。通过 RNA 的生物合成，遗传信息从染色体的贮存状态转送细胞质，从功能上衔接 DNA 和蛋白质这两种生物大分子。

染色体的发现

要说不久以前人们对自己的身体还了解得很少，似乎很难让人相信。可是人们了解到血液的循环，事实上才不过 300 余年；而人们发现不少器官的功能，也不过是近几十年来的事。

史前人类在切割动物以备食用和为来世作准备而用香料处理他们的尸体的时候，就已知道人有脑、肝、心、肺、胃、肠、肾等大的器官了。他们常常为举行宗教仪式而杀死动物，以动物内脏的形状（尤其是肝的形状）进行占卜，这样一来，对这些内脏的认识就更多了。早在公元前 2000 年以前，埃及人就已用文字记载了正确的手术技术，这些记载表明他们已经相当熟悉机体的结构了。

古希腊人由于有意弄清"解剖学"，进而解剖动物，偶然也解剖人的尸体。他们做了一些细致的工作。公元前 500 年，人们首次描述了视神经和耳咽管。又过了两个世纪，在亚历山大城（当时世界科学的中心），赫罗非拉斯和他的学生伊雷西斯垂都斯，出色地开创了希腊的解剖学派。他们研究脑的各个部分，分清了大脑和小脑，并且还研究了血管和神经。

公元 2 世纪后半叶，在罗马行医的希腊医生盖伦使古代的解剖学达到了顶峰。他提出了一些机体功能的理论，这些理论在其后 1500 年里一直被看成是金科玉律。可是他关于人体的概念充满了难以置信的错误。这是可以理解的，因为古人的资料大多得自动物的解剖。

文艺复兴时期对写实派艺术的喜好也哺育了解剖学的研究。15 世纪，达·芬奇做了一些解剖

你知道吗

视神经

视神经是中枢神经系统的一部分。视网膜所得到的视觉信息，经视神经传送到大脑。视神经是指从视盘起，至视交叉前角止的这段神经，全长 42 ～ 47mm。分为四部分：眼内段，长 1mm；眶内段，长 25 ～ 30mm；管内段，长 4 ～ 10mm；颅内段，长 10mm。视神经为特殊躯体感觉神经，传导视觉冲动，其纤维始于视网膜的节细胞。

工作，发现了解剖学上的一些新事实，并且把它们描绘了下来。他描绘了脊柱的两个弯曲以及面部和额部骨内中空的窦。根据他的研究得出了先进的生理学理论。尽管达·芬奇在科学上和在艺术上同样有才能，可是他对那时的科学思想没有什么影响。也许是出于心理上的脑膜，也许是出于稳重谨慎，他没有发表过科学方面的成就，只把它保留在整理好的笔记本里。一直到他的笔记后来被发表时，后人才知道他在科学上的成就。

知识小链接

解剖学

解剖学是涉及生命体的结构和组织的生物学分支学科，可以分为动物解剖学和植物解剖学。解剖学的主要分支有比较解剖学、组织学和人体解剖学。在解剖学研究中，研究器官大体结构常利用剖割的方法，组织、细胞、胞器的观察则会利用显微镜。

法国医生费尔奈尔是把解剖当成医生职责中一项重要内容的第一个近代人。他在 1542 年出版了一本关于解剖的书。可是他这本书似乎完全被第二年出版的一部更为重要的著作比得黯然失色了。那是维扎里的著名的《人体结构》。根据要了解人类就要对人进行研究的想法，维扎里解剖了人体，纠正了盖伦的很多错误。在他的书中，人体解剖图画得又漂亮又精确，它们目前还在被翻印，并且将成为经典。维扎里可以称为现代解剖学的开创人。他的《人体结构》和哥白尼同年发表的《天体运行论》有同样的革命性。

正像伽利略使哥白尼开创的革命结了果那样，维扎里开始的革命由于哈维的重要发现而成熟起来。哈维是位英国医生，也是位实验学者，和伽利略以及研究磁性的吉尔伯特是同时代的人。哈维最感兴趣的是体内生命攸关的液体——血液。血液在体内到底干了些什么呢？

当时的人已经知道有两套血管：静脉和动脉。（公元前 3 世纪的希腊医生普拉哈高拉斯把动脉叫作"携带空气的管"，因为在死尸的这种血管里没有血，是空的。后来盖伦证明，在活机体中这些血管里有血液流动。）当时的人还知道，心跳驱使血液作某种运动，因为切断动脉时，血液就和心跳同步地搏动着向外喷。

盖伦曾认为，血在血管里是交替来回流着的：在身体里先朝一个方向流，再向相反的方向流。这个说法就要求他解释血液来回流动为什么不受心脏两半之间的间壁所阻碍。当时盖伦朴素地认为，在这个壁上有许多看不见的小孔，能使血液通过。

哈维仔细观察了心脏。他发现心脏的每一半又各分成两个腔，两个腔之间由一个只准单向通行的瓣膜隔开，它只许血液从上面那个腔（"心房"）流到下面那个腔（"心室"）里，而不许倒着流。换句话说，进入心房的血液可以进到相应的心室里，再从那里进入从心室引出的血管里，可是不能朝相反的方向流。

后来，哈维做了一些虽然简单，但非常说明问题的实验，来确定血管内血流的方向。他把一个活的动物的一根动脉或一根静脉扎起来，看看结扎的哪一边血管里的压力会升高。他发现，把动脉血流阻止住以后，总是结扎与心脏之间的血管扩张起来。这就表明，动脉里的血液一定是朝远离心脏的方向流动的。当他把静脉扎住时，涨起来的总是阻塞的另一边；所以静脉里的血液一定是朝着心脏流。此外，还有进一步支持静脉血只向一个方向流动的证据，这就是大静脉里有一些瓣膜能防止血液不朝心脏流的事实。这个事实是哈维的老师——意大利解剖学家法布里积发现的。可是在盖伦传统的桎梏下，法布里积没能得出显而易见的结论，而把这个光辉的成就留给他的英国学生去完成。

广角镜

心血管系统

心血管系统是一个封闭的管道系统，由心脏和血管所组成。心脏是动力器官，血管是运输血液的管道。通过心脏节律性地收缩与舒张，推动血液在血管中按照一定的方向不停地循环流动，称为血液循环。血液循环是机体生存最重要的生理机能之一。

哈维进一步对血液的流动作定量的测量（这是人类第一次把数学用到生物学问题上去）。他的测量表明，按心脏搏动的速率，心脏 20 分钟排出的血液量就等于身体里血液的总量。认为身体能用这样的速度来制造新的血液或消耗掉旧的血液，这无论如何看来是不太合理的。所以，合乎逻辑的结论就是：血液一定是在体内循环着的。既然血液是从心脏经动脉向外流，然后经静脉流回心脏，哈维便断定说，血液是由心脏的搏动压入动脉，然后由动脉流到静脉，然后进入心脏，再由心脏压入动脉，就这样周而复始。换句话说，血液在心血管系统里是毫不停顿地朝着一个方向循环着的。

早先的解剖学者，包括达·芬奇在内，曾经流露过这种想法，但是哈维是第一个详细地论述并研究了这个学说的人。他把他的推理和实验发表在一本小册子里，这本小册子名为《论心脏的运动》，是 1628 年出版的。从那时起，这本书一直被看成是科学上的重要经典著作之一。

哈维的著作所未能解答的主要问题是：血液是怎样从动脉流入静脉的？哈维认为，一定有某种起连接作用的血管，但是它们太小了，所以我们看不见它们。这很像盖伦关于心脏壁上有小孔的学说。盖伦所说的这些小孔从来没有人看到过，它们是不存在的，可是一有了显微镜，哈维所

说的连接血管就得到了证实。1661 年（哈维去世后 4 年），一位名叫马尔丕基的意大利医生用一架原始的显微镜观察了蛙的肺组织，确实有些极细的血管把动、静脉连接了起来。马尔丕基称这些小血管为"毛细血管"。

利用显微镜还可以看到其他一些细微结构。荷兰的博物学家斯旺默丹发现了红血球，荷兰的解剖学家德格拉夫则发现了动物卵巢里的细微的"卵巢滤泡"。像昆虫这类小生物，也可以仔细地研究了。

由于已经作了一些精细的研究，就鼓励着人们把一种生物的结构和另一种生物的结构去进行仔细的比较。英国的植物学家格鲁是第一个值得注意的"比较解剖学家"。1675 年他发表了对各种树木的树干进行比较的研究成果，1681 年又发表了比较不同动物的胃的研究成果。

有了显微镜，事实上就把生物学家引导到生物结构的一个更为基本的水平上：在这个水平上，所有一般的结构都能简化成一个共同的分母。1665 年，英国科学家胡克用他自己设计的，有好几个镜片的复合显微镜发现了软木（一种树皮）是由一些非常微小的房间构成的，像是极细的海绵。他把这些孔穴称为"细胞"。其他显微镜学家在活的组织里也发现了类似的"小房"，可是其中充满了液体。

在以后的 150 年里，生物学家们逐渐知道，所有的生物都是由细胞构成的，而且每个细胞都是一个独立的生命单位。有些生物（某些微小的生物）

只有一个细胞；较大的生物则由许多互相协作的细胞组成。在最早提出这种见解的人当中，有一位是法国的生物学家迪特罗歇。他的报告发表在 1824 年，但没有引起大家的注意。细胞学说一直到德国的施莱登和施旺分别在 1838 年和 1839 年加以清楚说明后，才得到了人们的重视。

1839 年，捷克生物学家浦金野把填满某些细胞的胶状液体称为"原生质"（最早的生命形态）。法国植物学家默勒把这个词引申了，用它代表所有细胞的内容物。德国解剖学家舒尔兹强调，原生质是"生命的物质基础"，他还证明，在所有不论是多么复杂还是多么简单的动植物细胞里，原生质基本上是相似的。

细胞学说对于生物学的重要性，就像原子学说对于化学和物理学一样。1860 年前后，德国病理学家魏尔啸用一句拉丁话说出了细胞在生命进程中的重要性："一切细胞都来自细胞。"他指出，病变组织中的细胞是由原先的正常细胞分裂而繁殖出来的。

基本小知识

细胞学说

细胞学说是 1838—1839 年间由德国植物学家施莱登和动物学家施旺所提出，直到 1858 年才比较完善。它是关于生物有机体组成的学说。细胞学说论证了整个生物界在结构上的统一性，以及在进化上的共同起源。这一学说的建立推动了生物学的发展，并为辩证唯物论提供了重要的自然科学依据。革命导师恩格斯曾把细胞学说与能量守恒和转换定律、达尔文的自然选择学说等并誉为 19 世纪最重大的自然科学发现。

那时人们已经知道，各种生物（即便是最大的生物）的生命都是从一个单细胞开始的。最早的显微镜学家哈姆（他是列文虎克的助手）在精液里发现了一些很小的小体，后来把它命名为"精子"。过了很久，到了 1827 年，德国生理学家贝尔又发现了哺乳类的卵细胞。这样，生物学家们开始知道，卵和精子结合后会形成受精卵，受精卵一再分裂，最后便发育成动物。

这里有个重大的问题：细胞是怎样分裂的？答案要在细胞里面一个物质较为致密的小球中去寻找。这个小球的体积约为细胞的 1/10，是布朗在 1831 年发现的，他给它起名为"核"。（为了和原子核相区别，以后我们将称它为"细胞核"。）

如果把一个单细胞生物分成两半，让其中一半含有完整的核，那么，有核的那一半就能生长、分裂；而没有核的那一半则不能。

可惜，由于细胞不容易看清其中的亚结构，所以在很长一段时间里无法进一步研究细胞核和分裂的机理。后来发现，有些染料能把细胞的某些部分染上色，而其他部分却染不上，这时，情况就好转了。有种染料叫"苏木素"（得自苏木），能把细胞核染黑，使它在细胞的背景上变得十分清晰。在柏琴和其他化学家开始制造、合成染料以后，生物学家们就有各种各样的染料可供挑选了。

1879 年，德国生物学家弗莱明发现，可以用某些红染料把细胞核内散布着的微粒状特殊物质染色。他把这种物质叫作"染色质"。他对这种物质进行观察，结果成功地看到了细胞分裂过程中的一些变化。当然，染料杀死了细胞，可是在一片组织里，他能够找到处在细胞不同分裂时期的各种细胞。弗莱明把这一个个静止的画面串在一起，便构成了细胞分裂过程的"电影"了。

1882 年弗莱明出版了一本重要的书，详细地描述了这个过程。细胞开始分裂时，染色质聚集成线状。这时，包绕着细胞核的薄膜似乎溶化了，同时，靠在核里面的一个小东西分开变成了两个。弗莱明把这种东西称为"星体"，因为外面那些放射状的线使它像颗星。这两个星体分开以后，就在细胞里向相反的方向移动。它拖着的细丝显然和这时排在细胞中心的染色质细丝缠在一起了。星体把半数染色质丝拉到细胞的一侧，半数拉到另一侧。然后，细胞的中部收缩进去，把细胞分成两个。此后，每个细胞里又形成了一个核，而细胞核膜里面的染色质又碎成微粒状。

染色质

染色质最早是 1879 年提出的用以描述核中染色后强烈着色的物质。现在认为染色质是细胞间期细胞核内能被碱性染料染色的物质。染色质的基本化学成分为脱氧核糖核酸核蛋白，它是由 DNA、组蛋白、非组蛋白和少量 RNA 组成的复合物。

弗莱明把这种细胞分裂过程叫作"有丝分裂"，因为染色质丝在其中起了重大作用。1888 年，德国解剖学家瓦尔德尔给染色质丝起了"染色体"这个名字，后来就这样叫下来了。可是应该记住，尽管它叫作染色体，但在不染色的时候，它的本来面目是无色的，所以当然也很难把它和它很相似的无色背景分辨开来。

人们不断观察染色的细胞，发现了每种动植物的细胞里都有特定数目的染色体。在细胞通过有丝分裂分成两个之前，染色体的数目先增加一倍，因而在分裂之后，两个子细胞里染色体的数目就和原来的母细胞一样多了。

比利时的胚胎学家贝内当在 1885 年发现，当卵细胞和精子细胞形成时，染色体的数目并不加倍。这样一来，每个卵细胞和每个精子细胞的染色体数目只有机体一般细胞的一半。（因此，形成精子细胞和卵细胞的分裂称为"减数分裂"。）可是，当精子和卵细胞结合后，结合的受精卵就有了一整套染色体，半数来自母亲的卵细胞，半数来自父亲的精子细胞。这一整套染色体通过一般的有丝分裂，传给了从受精卵发育而成的机体的所有组成细胞。

虽然利用染料可以看到染色体，但还是不容易把一个个染色体分辨清楚。一般来说，它们看来就像绞在一起的短粗的面条。因此，长期以来，人们一直认为人体的每一个细胞有 24 对染色体。直到 1956 年，花了更大的力量数了这些细胞（当然是热心认真地研究的），才发现正确的数目是

23 对。

以适当的方式用低浓度盐水处理细胞，就能使细胞肿胀，使各个染色体散开。这样就能给它们照相，并把相片中一个个分开的染色体剪下来。如果把这一个个染色体配成对，并按由长到短的顺序排列起来，就得出了"染色体组型"，这就是细胞里所含的依次编号的染色体的图像。

因为染色体的分离并不总是十全十美的，所以"染色体组型"为医学诊断提供了一个精密的工具。当细胞分裂时，染色体可能受到损伤甚至破碎。有时也可能分得不平均，其中有一个子细胞多一个染色体，另一个子细胞则少一个。这类毛病一定会有损于细胞的功能，并且常常严重到使细胞不能工作。（这使得有丝分裂看起来似乎非常准确——其实它并不像表面上看来那么准确，而只不过是通过这种办法，把错误掩盖起来罢了。）

这种毛病出在减数分裂的过程中就特别糟糕，因为这样就形成了染色体有缺陷的精子细胞和卵细胞。假如一个生物能从这样一个不完善的起点发育起来的话（一般是不能的），这个生物体内的每一个细胞就都会具有这种缺陷，结果就是严重的遗传性疾病。

在这类病中，最常见的就是一种严重的智力障碍，称为先天愚型或"唐氏症候群"，因为这种病是英国医生约翰·朗顿·唐

拓展阅读

遗传性疾病

遗传性疾病是指因受精卵中的遗传物质（染色体，DNA）异常或生殖细胞所携带的遗传信息异常所引起的子代的性状异常。通俗的情况是精子和卵细胞里携带有病基因，然后传给子女并引起发病，而且这些子女结婚后还会把病传给下一代。这种代代相传的疾病，医学上称为遗传病。

在 1866 年首先描述的。在 1000 个婴儿当中，就有一个有这种毛病。

唐氏症候群的原因，直到 1959 年才发现。那一年有三个法国的遗传学家——莱泽纳、冈蒂埃和蒂尔潘——计数了三个病人细胞里的染色体，发现

他们的细胞中都含有 47 条，而不是 46 条染色体。后来查明，毛病就出在他们含有三个第 21 号染色体。到了 1967 年，又发现了和这种病相对应的一种病。有个患智力障碍的三岁女孩只有一条第 21 号染色体。这是第一次发现了一个活人缺少一条与 21 号染色体成对的染色体。

涉及其他染色体的这类病例似乎少见些，但现在也已查出了。有种白血病的病人，细胞内多出一小块多余的染色体片断，后者被称为"费城染色体"，因为它是在费城住院的一个病人身上第一次发现的。一般说来，在某些不常见的疾病中，断裂的染色体出现得比正常情况多。

细胞的病变与衰老之谜

　　细胞衰老是机体在退化时期生理功能下降和紊乱的综合表现，是不可逆的生命过程。

　　人体是由细胞组织起来的，组成细胞的化学物质在运动中不断受到内外环境的影响而发生损伤，造成功能退行性下降而老化。细胞的衰老与死亡是新陈代谢的自然现象。

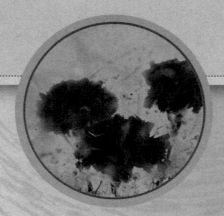

神经细胞减数与衰老

已知神经细胞是属于不再进行有丝分裂的细胞。人和动物出生之后，大脑中的神经元便不再增加数量。由于高等动物的中枢神经系统在保持机体的内环境恒定，保证各种生理功能的正常进行和各器官之间的相互协调作用，以及维护机体在变化的环境中更好地适应和生存下去都起着非常重要的作用。一个人从幼儿起直到老死，他的神经细胞一直没有更新，相反，从 18 岁左右以后，人的脑细胞数量逐渐减少，到四五十岁以后这种神经细胞数量的减少变得明显，至六七十岁以后甚至影响记忆力。老人对恶劣环境的生存适应性不如年轻人亦与此有关。

勃洛蒂（1955～1970）研究了人的大脑皮层，指出从新生儿到 95 岁的老人，脑细胞数与年纪成反比，大约每年失去的神经元为成年初期的 8‰。此外，也有人测定人的神经冲动传导速度的年龄变化，指出大约每年递减原先传导速度的 4‰。

神经元和心肌等不再有有丝分裂的细胞，随着年龄的增加，可以明显地看到细胞中积累一种"老年色素"——脂褐质。脂褐质是一种不能为细胞所排泄出去的细胞废物，是细胞膜层结构中的不饱和脂肪酸自身过氧化作用产生的分解物与蛋白质一起形成的。可以看出，脂褐质占据了细胞内相当大的地盘，因此它们会阻碍细胞的物质交流和信息的传递，对细胞的正常生理功能必然起不良

广角镜

心 肌

心肌是由心肌细胞构成的一种肌肉组织。广义的心肌细胞包括组成窦房结、房内束、房室交界部、房室束（即希斯束）和浦肯野纤维等的特殊分化了的心肌细胞，以及一般的心房肌和心室肌工作细胞。前 5 种组成了心脏起搏传导系统，它们所含肌原纤维极少，或根本没有，因此均无收缩功能；但是，它们具有自律性和传导性，是心脏自律性活动的功能基础；后两种具收缩性，是心脏收缩活动的功能基础。

的作用。细胞中出现太多脂褐质时将导致细胞的衰老死亡。故脂褐质是细胞衰老的形态学上的具体指标之一。

损伤神经系统可能会加速衰老，巴甫洛夫实验室中经常处于过度神经刺激的狗出现早衰和多发肿瘤，便是动物上的实例。因此，减小神经细胞的损失速率，减缓脂褐质在神经细胞中的出现，对于维持神经系统和整个有机体的健康长寿是十分重要的。

👁 镰形细胞贫血病

镰形细胞贫血是发现最早的一种"分子病"，对此病的研究及对血红蛋白的研究，使其在细胞生物学与分子生物学发展中占有特殊的地位。自 20 世纪初人们对它首次描述以来，特别是自研究人员在血红蛋白分子水平首先观察到它的癌症以来，经过数十年的努力，人们已能在生物大分子及其以上水平上进行描述与解释。对镰形细胞贫血细胞以上各个水平上行为的叙述推动了对血红蛋白的遗传、功能与结构的研究，而对血红蛋白的物理、化学、生物学特征的深入研究，大大丰富了人们对镰形细胞贫血的认识。

◎ 镰形细胞贫血病的症状

顾名思义，镰形细胞贫血有两个基本特征：镰形的红细胞与患者表现出贫血症状。这种红细胞在氧压高的情况下呈正常的双凹盘形状，仅在氧压低的情况下变为镰刀形。镰形红细胞的稳定性与可变形性大大降低，脆性增强，寿命缩短，这构成贫血的主要原因。由于阿米巴样变形能力丧失，加之镰刀样外形，它不仅不易穿过末梢毛细血管，而且极易相互钩联，凝集成团而栓塞了血管，引起血循环障碍。镰形细胞溶解后释放出的血红蛋白沉积下来也可能产生同样的恶果。机体的任一组织都可以发生这种栓塞而造成组织供血不足，疼痛、肿胀直至坏死，继而引起有关器官、系统乃至全身的病理变化。此外，镰形细胞寿命大大缩短，使清除衰老死亡红细胞的主要器官——脾的负荷增大，脾内血流蓄积、肿大，纤维化有时甚至引起循环衰竭。贫血致使患者的生长与发育减慢，对一些病原体，特别是沙门氏菌感染的抵抗力显著降低。由于上述种种，除了经药物治疗使病况缓解，患者大都夭折在幼年或少年期。

◎ 为什么会出现这些症状

红细胞的功能是从肺泡毛细血管将氧运送到组织，从组织将二氧化碳运送到肺泡毛细血管。血红蛋白就是这个功能的承担者，也是红细胞的主要组成部分。血红蛋白是人们首先结晶并较早弄清的一级结构与高级结构的蛋白质，这是人们揭示镰形细

你知道吗

肺 泡

肺泡是由单层上皮细胞构成的半球状囊泡。肺中的支气管经多次反复分枝成无数细支气管，它们的末端膨大成囊，囊的四周有很多突出的小囊泡，即为肺泡。

胞贫血秘密的有利条件。人们首先发现镰形细胞贫血患者的血红蛋白所带的电荷与正常的血红蛋白不同，而后一位名叫鲍林的人用胰蛋白酶选择性裂解血红蛋白的碱性氨基酸后的肽键，经电泳与层析，发现两者酶解图谱中 28 个肽段中只有一个是不同的。氨基酸组成与顺序的测定结果表明，两者实质上只有一个氨基酸的差异，HbA（正常血红蛋白）的 β 亚基氨基末端第六位是带负电荷的谷氨酸，而 Hbs（镰刀型细胞的血红蛋白）是不带电荷的非极性氨基酸（缬氨酸）。从三维结构来看，β 链第六位氨基酸位于分子表面，由此对血红蛋白分子之间的相互关系产生了深刻的影响，这个非极性缬氨酸的存在使血红蛋白表面出现了一个黏结中心，一般认为这是由 β 亚基的 6 位与 1 位缬氨酸间的疏水相互作用所产生的结构，也是在去氧合的状态下，血红蛋白另一侧本身存有的与该区互补的部位。因此一个 Hbs 的黏结中心与第二个 Hbg 的互补结合，第二个 Hbs 的黏结中心可继续与第三个分子的互补部位结合，这种结合是通过疏水相互作用以及一些次级键获得的。循环往复形成刚

性很强、螺旋管样的长链巨型缔合分子。因为在 Hbs 氧合状态下，互补部位消散或内陷，仅在氧压低与 pH 值低的情况下才暴露在分子表面，所以仅在去氧状态下，Hbs 才发生线性缔合，使红细胞扭曲成镰刀状，溶解度降低。一些对此病有效的药物均能够抑制 Hbs 的线性缔合，从而阻止了红细胞的镰形变化。实验表明阿斯匹林可以使 Hbs 乙酰化，与氧结合能力提高。尿素与氰氢酸盐则是通过使 Hbg 的 β 链端基氨基酸氨基甲酰化，改变其端基带电性质，破坏了黏结中心，提高了 Hbs 与氧的亲和力。有意思的是人们发现在镰形细胞贫血高发的地区，当地食物：高粱、小米与木薯中，氰氢酸盐的含量高达其他地区这类食物中所含量的 40 倍之多，这大概是当地患者临床症状较轻的最好解释。这些发现充分证实，血红蛋白一级结构的改变引起高级结构的变化是镰形细胞贫血的分子基础。

你知道吗

谷氨酸

　　谷氨酸是一种酸性氨基酸。分子内含两个羧基，化学名称为 α - 氨基戊二酸。谷氨酸是里索逊 1856 年发现的，为无色晶体，有鲜味，微溶于水，且溶于盐酸溶液。大量存在于谷类蛋白质中，动物脑中含量也较多。

近代生物学的证据已清楚地表明生命的全部遗传信息，除类病毒与核糖核酸病毒，均以脱氧核糖核酸的核苷酸顺序存储在生命体内。每一种生物性状、结构、功能与形态上的特征及生命行为均是脱氧核糖核酸编码的结构与功能蛋白生命活动的直接与间接的反映。一种蛋白质的某个氨基酸的改变常是脱氧核糖核酸的核苷酸顺序发生特定改变的结果。谷氨酸的遗传密码是 CTT 与 CTC，而缬氨酸的遗传密码是 CAT 与 CAC，两者只有一个核苷酸的差别。因此，人们普遍地接受了镰形细胞贫血的根本原因是血红蛋白的 β 亚基 6 位氨基酸的三联密码中间的由 A - T 的置换突变的看法。近 25 年来已有 269 种血红蛋白变异型被发现，其中 238 种是单个碱基置换的结果。虽然，目前人们还不能直接地在脱氧核糖核酸的水平上把握血红蛋白基因中的核苷酸的改变，然而，人们依据中心法则与"遗传密码"可以充分自信地从血红蛋白一级结构中氨基酸的变化来判断相应的基因上的变化。这在 269α 与 β 亚基上仅发生一个或几个氨基酸变化的血红蛋白变异型，除少数外，发生率都很低。其中绝大多数血红蛋白变异型的高级结构没有发生或仅发生轻微的改变，都是表现为电泳行为的变化而被发现的，并不引起任何疾病状态。这是因为蛋白质功能表达的物质形式和基础是它特定的高级结构，凡是不足以影响这一点的血红蛋白的一级结构上的任何改变都不产生任何恶果。据估计足以引起电泳行为改变的血红蛋白变异型，每 800 人中有 1 名，如果考虑到有些像一种中性氨基酸被另一种中性氨基酸所替代这样电泳行为没有改变的变异的存在，血红蛋白发生变异的频率高达 1/300。

◎ 是否所有带有异常的镰形细胞贫血基因的人都发病吗

大家知道，人是双倍体生物，有两套染色体，除 Y 染色体上部分基因外绝大多数基因都是成对地存在于体细胞中。血红蛋白，β 亚基基因也是这样。用 A 来代表正常的，用 S 来代表镰形细胞贫血的血红蛋白 β 亚基基因。就这个基因而言，正常人与患者的基因型分别是 AA 与 SS，

广角镜

遗传学

研究生物的遗传与变异的科学，称为遗传学。它是一门研究基因的结构、功能及其变异、传递和表达规律的学科。遗传学中的亲子概念不限于父母子女或一个家族，还可以延伸到包括许多家族的群体，这是群体遗传学的研究对象。

镰形细胞贫血者双亲均是 A 与 S 基因的杂合子（AS）。带有一个 S 基因的患者，在氧压低时，他们的红细胞有些也轻度镰形化，但几乎没有贫血的表现，与 AA 型的人无其两样，因此被称为镰形细胞性状者。这种纯合（SS）与杂合（SA）个体表现型相同的遗传现象即所谓单个基因隐性遗传现象。不难看出，在组织以上的水平，即就发病而言，A 基因对 S 基因是显性的；在细胞水平，即就细胞镰形化而言，S 基因对 A 基因有部分的显性；在分子水平上，即基因转录的水平上，为共显性，AS 型个体的血红蛋白近似是正常和异常的

血红蛋白的等量复合，在电泳时，其迁移率介于正常与异常的血红蛋白之间。AS 型个体可产生两种配子（精子或卵细胞），A 与 S 型。当两个 AS 型个体婚配时，根据经典遗传学规律，他们可能产生三种基因型不同的后代：AA、AS 与 SS，表现型分别是正常。也就是说一对 AS 型夫妻的子女中，有 1/4 可能是镰形细胞贫血的患者。

在深入研究中，人们发现了另一有意义的现象。根据群体遗传学和流行病学资料，全世界每年死于镰形细胞贫血的人高达 10 万之多。尽管大多数患者夭折于青春期之前，不能生育后代，但在有些地区 S 基因在人群中的频率高达 20%。而在其他地区，S 基因则极为罕见。在有些非洲地区黑人中，S 基因频率甚至高达 30%～40%，新生儿中镰形细胞贫血当然有明显的升高，高达 20%。这种如此明显的差异性分布是不能用自发突变来给予解释的。人们从 S 基因的地理分布图与恶性疟疾的地理分布图极好地重叠在一起中得到了启发。很快发现 AS 型个体较 AA 型个体对恶性疟疾的抗性显著为高。比如在同样由恶性疟原虫感染的情况下，15 名 AS 型东非族人中，只有 2 名在血中检出了疟原虫；而 14 名正常的同族人的血液中，均找到了疟原虫。这种抗性差异的原因是多方面的，主要与 Hbs 有关。疟原虫的营养主要来自于血红蛋白，Hbs 很可能不合疟原虫的胃口。由于镰形细胞脆性增强，在疟原虫生活史未完成之前自溶是极可能的，这使疟原虫的增殖受到了阻断。另一方面，吞噬细胞与抗体较易将其消灭。显然，就对恶性疟疾的抗性而言，S 基因对 A 基因有部分显性。在恶性疟疾高发地区，尽管镰形细胞贫血患者大都夭折，由于 AS 型个体对恶性疟疾较高的抗性使得他们在胎儿期与成年期均较正常人有更强盛的生命力。这就是上述现象合理的解释。在恶性疟疾没有或低发区，这种对 S 基因的选择优势不复存在或很小，S 基因在人群中频率就很低，该病的发病率当然也就很低。

◎ 征服镰形细胞贫血的尝试

近年来人们通过化学药物、骨髓移植、移去异常血红蛋白对镰形细胞贫血治疗的试探，虽然已取得一些可喜成果，但离最终目标还非常遥远。因此人们把更多的努力付诸在预防上。由于在染色体水平上，患者没有可检出的异常，又因为人的胎期与成年期血红蛋白存在差异，人们最初的希望仅是寄托在对检出的 AS 个体提供婚前与生育前该病发生概率的遗传预测之上。20世纪 70 年代兴起的分子遗传学与遗传工程学的发展，不仅给人们带来了从根本上治疗此病的希望，而且提供了一个有效且准确的诊断方法。因为 S 基因与 A 基因的碱基顺序的差别使它们被一种特异性限制性内切酶（HapI）切开的切点不同。经此酶处理，正常 β 亚基基因（A）位于 7.0 或 7.6 千对碱基对的片段中，而镰形细胞贫血者的 β 亚基基因（S）则在 13 千对碱基对的片段中，镰形细胞性状者的 β 亚基基因是上述两者的复合。将酶解片段经过电泳分离后用同位素标记的 β 珠蛋白互补 DNA 与其进行分子杂交。根据杂交体的片段大小就可作出准确的诊断。这种方法所需的标本材料仅是 15 毫升羊水，而且仅需 1 周时间，既安全又便利，为及时中止患胎的妊娠提供了依据。

基本小知识

分子杂交

分子杂交是确定单链核酸碱基序列的技术。其基本原理是待测单链核酸与已知序列的单链核酸（叫作探针）间通过碱基配对形成可检出的双螺旋片段。这种技术可在 DNA 与 DNA，RNA 与 RNA，或 DNA 与 RNA 之间进行，形成 DNA－DNA，RNA－RNA 或 RNA－DNA 等不同类型的杂交分子。

21 号染色体三体征

如果说在分子水平上能解释的人的遗传性疾病的典型例子是镰形细胞贫血，那么在染色体水平上了解得最为清楚的要算 21 号染色体三体征了。

◎21 号染色体三体征的特征

21 号染色体三体征在 110 多年以前是一位名叫约翰·朗顿·唐的英国医生首先描述的。所以它的第一个名字是唐氏综合征（1965 年，WHO 将这一病症正式定名唐氏症候群）。此症患者智力发育很差，多数患者成年后，智力仅相当于他们年龄 1/2～1/4 儿童的智力，患者出生时就有一些独特的体征，由此人们称之为先天愚型。典型患者都有下面一些表现：伸舌、嘴角下斜、体胖、肌张力下降以及小头（出生时头的周长小于 32 厘米）等。根据这些，有经验的产科、儿科医生已可对新生儿与幼儿作出准确判断。约翰·朗顿·唐还指出，如果把两个无亲缘关系的患儿放在一起，上述特有的相貌特征使人很难说他们的父母是不同的。人们很早就能对此病作出细微的描述，然而较为科学的阐明还是近 30 年的事情。20 世纪 50 年代初期，人类染色体检验技术的突破为探讨此病的奥妙奠定了基础。先天愚型的患者有 47 条染色体，比正常人多了 1 条 21 号染色体——最小的染色体之一，也就说有 3 条 21 号染色体。从那时起，人们开始称它为"21 号染色体三体征"。

显然，多一条或少一条染色体（三体征与单体征——非整体）都会给机体带来不良的后果。它们打破了染色体双双成对的平衡，实质上是基因组的紊乱，机体与细胞对于这种紊乱是难以耐受的。相对而言，丢失一条比增加一条染色体的后果更坏，这类卵或胚胎均死于卵成熟或胚胎发育期。染色体的大小是不同的，染色体的异染色质与常染色质的比例也不同，这意味着不同染色体上所携带的基因量有差异。一般来说，较大的染色体上载有较多的基因，它们的三体征所引起的基因不平衡较为严重，这类个体大都死于胚胎期。21 号染色体是最小的染色体之一，这类三体征的个体生命力相对来说也就较强，这是它占新生儿染色体异常性疾病发病率的 1/3 的主要原因。这种基因组的紊乱致使患者出现种种病状、结构与功能上的缺陷。例如，患者对重症感染性疾病的抵抗力明显下降。虽然医疗条件的改善，抗菌素的广泛使用已大大地减轻了这种威胁，但重症感染常是患儿夭折的直接原因。

抗菌素

抗菌素是一种具有杀灭或抑制细菌生长的药物。天然抗菌素是微生物的代谢产物，其中有一些是肽。抗菌素是细菌、真菌等微生物在生长过程中为了生存竞争需要而产生的化学物质，这种物质可保证其自身生存，同时还可以杀灭或抑制其他细菌。

◎21 号染色体三体征是怎样产生的呢

这还要从正常的生殖过程谈起。人与其他高等生物一样，通过成熟分裂（减数分裂）形成染色体数减半的雌、雄配子（单倍体），两者通过受精融合，受精卵经有丝分裂增殖、分化发育成新的个体。这种减数分裂与融合过程有序地进行，保证了世代交替过程中染色体质于量上的连续与稳定。21 号染色体三体征就是由一个正常的单倍体配子与一个多带了 1 条 21 号染色体的单倍体配子融合所产生的。这种异常的配子产生于第一次或第二次减数分裂时同源染色体或姊妹染色单体间的不分离。

97% 的 21 号染色体三体征是因为成熟分裂时染色体不分离所形成的。人们发现，在这种疾病的形成过程中，卵细胞起了主要的作用。高龄产妇所生的婴儿中此病的发生率远比年轻的母亲所生的婴儿的发生率为高，而与父亲的年龄无关。业已证实，40% 患儿的母亲在 40 岁以上，患儿的母亲平均年龄为 36.6 岁，而育儿母亲的平均年龄为 28.5 岁。

拓展阅读

卵母细胞

卵母细胞指在卵细胞产生过程中进行减数分裂的卵原细胞。它们分为初级卵母细胞、次级卵母细胞和成熟的卵母细胞，它们分别是卵原细胞分化和 DNA 复制分裂后产生，第一次减数分裂和第二次减数分裂的产物。

这表明年龄较大的女性体内的卵母细胞减数分裂时较易发生不分离的差错。我们知道，女性在出生时，她体内所有的卵母细胞均已进入第一次减数分裂的前期，直至排卵前该卵才完成第一次减数分裂，第二次减数分裂发生在受精后。卵母细胞处于第一次减数分裂前期的时间越长，活力就越低，在40年后，它的减数分裂难以正常地进行。21号染色体是最小的染色体之一，在第一次减数分裂中期使两个同源染色体联合所需的交叉为数较少，因此不分离的倾向尤为突出，这构成了21号染色体三体征较为多见的另一个原因。

◎ 染色体易位造成的先天愚型

不难看出，21号染色体三体征似乎没有染色体结构上的异常。染色体不分离的倾向仅与女性年龄有关，并非是一种遗传倾向。而且，患者的生命力远较正常人为弱，很少有生育的可能。所以，大多数21号染色体三体征没有像镰形细胞贫血那样的家庭簇集现象。然而为数3%的先天愚型恰恰相反，有明显的家庭簇集的倾向，与单个基因隐性遗传的行为类似。尽管他们的临床表现与前者无甚差别，人们还是从染色体上找到了答案。两者之间的本质差别在于这类先天愚型染色体有46条而不是47条染色体，而患者外观完全正常的双亲中，一位有46条，另一位仅有45条染色体。乍看起来，这是难以理解的。进一步研究表明患者及其仅有45条染色体的父亲或母亲均有一条异常染色体。这条异常染色体是生殖细胞在其分裂的某一阶段形成的。21号染色体的长臂近着丝点处与一条D组染色体（13、14或15号）的短臂某处同时断裂，21号染色体的长臂与带着丝点的D组染色体衔接，形成一个大的复合染色体，余下两个短臂衔接成一个小的复合染色体，这就是所谓的易位。随后那条小的复合染色体就丢掉了。这样生殖细胞只剩下了45条染色体。若以14号染色体为例，该条复合染色体即是21—14号复合染色体。它是由21号与14号染色体的大片段复合而成的，从而它的功能大致上相当于1条21号和1条14号染色体。这就是这类45条染色体的个体与正常人无甚异样，而有

2 条 21 号染色体和 1 条 21—14 号染色体的个体却是先天愚型的原因所在。患者实质上也有 3 条 21 号染色体，只不过其中 1 条附属在 14 号染色体上而已。同时，这也说明 21 号与 14 号染色体的短臂上功能基因的量甚小，对机体的生存与三体征均没有可以觉察的影响。

你知道吗

配 子

　　配子分为雄配子和雌配子。配子在生物计算中占有相当重要的地位，通过遗传图，能够清楚地观察出基因的流程，及子代基因型的情况。

仅就 14 与 21 号染色体而言，这种 45 条染色体的生殖细胞通过减数分裂可产生 6 种类型染色体的单倍体成熟配子。与正常的配子融合后形成 6 种受精卵。其中 14 或 21 号染色体单体征与 14 号染色体三体征均死于出生之前，只有其余三种个体：正常者、14—21 号复合染色体携带者（共有 45 条染色体）和先天愚型患者（共有 46 条染色体），可以被观察到。此病发生率完全取决于形成这三类配子的相对比例。如果 14—21 号染色体的携带者是母亲，子代中先天愚型的频率是 10%，正常者与正常携带者各为 45%，如果父亲是携带者，仅有 2% 的可能子代是先天愚型。造成这种差异的原因目前还不清楚，可能是在不同性别的个体中不同类型的配子形成的比例不同所造成的。不难看出，这类先天愚型有明显的遗传倾向，而与母亲的年龄无关。

　　虽然我们已经能够在染色体水平上指出 21 号染色体三体征的症候所在，但对于此病及诸种染色体质与量上异常性的疾病进行治疗，目前还仅仅是一种期望。因而，当前切实可行的防范措施只限于通过对羊水细胞核型分析，为及时中止患儿的妊娠提供准确的诊断。通过这一技术，人们已能够鉴定 14～16 周龄胎儿的性别和 30 多种有染色体异常的遗传性疾病，为预防这些疾病提供了基本前提。一般来说，这种方法对胎儿与孕妇是安全的，不良后果仅在 1% 左右。但由于费用较贵，费时较多，对所有孕妇都进行检查是困难的。因此，只能选择有高度可能怀有患儿的孕妇，如 40 岁以上的孕妇，进行检查。

对 21 号染色体三体征的研究，丰富了我们在染色体水平上研究细胞与机体的生物学行为的知识，也给我们提出更多更新的问题，譬如在分子与染色体水平上阐明不分离的机制以及三体征的病理效应等。这些问题的阐明，只有在细胞、亚细胞及分子水平上共同研究才有可能完成，也已经引起了细胞生物学与分子生物学工作者的注意。

👁 癌细胞的恶性生长、癌细胞及其生物学特性

生物体内如果个别细胞生长失去控制，无限制地分裂，便会形成肿瘤。良性肿瘤细胞在年深月久之后，有时可以恶变；而各种正常细胞在致癌因子的作用下，也能直接转化为癌细胞。但是在某些情况下，刚发生癌变的细胞还需受到促进剂的刺激，才会大量地增殖而发展为癌瘤。

知识小链接

肿　瘤

肿瘤是机体在各种致癌因素作用下，局部组织的某一个细胞在基因水平上失去对其生长的正常调控，导致其克隆性异常增生而形成的新生物。

◎ 癌细胞的显著特征

癌细胞的自主性生长、可移植性和浸润转移：癌细胞不但能持续地生长、分裂，而且在移植至适宜的宿主体内后，可以重新繁殖成和原来同样的癌瘤。凡是癌细胞都具有这种独立于宿主控制的自主性和可移植性。例如，小老鼠艾氏腹水癌细胞靠用人工接种于正常小老鼠腹腔中的方法，已得以传代达几十年之久。癌细胞的增生通常是几乎不受机体内种种调节信号的控制的。例

如，在临床上看到巨块型肝癌会愈长愈大，严重压迫肺和胃等周围脏器，而正常肝脏部分切除引起的再生过程却总是在肝脏恢复至原有的重量和大小后就立即停止了。值得注意的是，癌瘤虽然可以长得相当大，但是细胞动力学的研究发现其细胞周期所经历的时间并不显著地缩短。例如，肝脏再生时正常肝细胞的生长分裂极其迅速，而癌细胞罕见能达到类似的生长速度。现已知道，各种癌细胞其生长的自主性的强弱也是互异的。例如，皮肤的基底细胞癌尽管其侵犯皮下组织的能力比鳞状细胞癌强，但从不发生转移；而皮肤的鳞状细胞癌却很容易产生远距离的转移。这就表明前者的癌细胞在发生增殖时仍然需要有来自真皮的某些信号，而后者的癌细胞其生长就完全不依赖这类信号。

某些正常细胞，例如，植入的哺乳动物胚胎和妊娠时的乳腺导管细胞虽然出现侵犯行为，但仅限于组织发育的某些生理阶段；而癌细胞却是以不受生理控制的方式持久地侵犯其周围的正常组织。某些正常细胞具有强烈的迁移能力，例如，巨噬细胞和白血细胞在组织内的趋化性游走和浸润，但是没有自主性生长的本领，而癌细胞却会在转移后建立继发病灶，不断增殖而形成有同样恶性表现的新的瘤。正因为癌细胞具有这种浸润转移的特性，它才容易使宿主丧命。体外培养的正常细胞在长到汇成片时，就停止游走和增殖，产生运动和生长的接触抑制，而癌细胞却失去这种"依赖密度调节作用"，可以长成以随机方式堆叠的多层细胞。

正常细胞通常贴壁单层生长，而癌细胞却能在软琼脂或甲基纤维素溶液中悬浮生长成集落，也就是丧失了锚地依赖性。

体外培养的真正的癌细胞在接种于合适的宿主后便可以长出癌瘤，这种所谓的成瘤性也是区别癌细胞与正常细胞的一个重要

广角镜

甲基纤维素

甲基纤维素为白色或类白色纤维状或颗粒状粉末；无臭，无味。它在水中溶胀成澄清或微浑浊的胶体溶液；在无水乙醇、丙酮或乙醚中几乎不溶。

标志。

◎ 癌细胞的各部分在结构与功能上的变化

　　用扫描电子显微镜观察癌细胞，发现其外形略呈椭球状，在分裂间期的癌细胞表面上仍然有囊泡、微绒毛等。而处于分裂间期的正常细胞则外形扁平，表面光滑。癌细胞的细胞膜、细胞质和细胞核，与正常细胞相比较，无论在结构还是功能上都发生了深刻的变化。以下叙述这些可遗传的细胞变化。

　　1. 细胞膜方面的变化：在研究癌细胞表面性质时发现，悬浮分散状态的癌细胞很容易被刀豆球蛋白或麦胚凝集素等植物凝集素凝集成团块，而正常细胞只有在处于分裂相时才类似于前者的细胞外形和可凝集性。根据生物膜结构的流动镶嵌模型，目前认为癌细胞表面结合植物凝集素的受体的移动性比正常细胞的高，容易在细胞表面集合成斑，因而各个癌细胞能通过植物凝集素分子互相连接起来。如果用药物选择性地破坏细胞膜的成分——运动的微管和微丝，这种凝集现象即发生改变。

　　癌细胞膜内的糖蛋白和糖脂的质与量均已发生了变化。例如，某种末端含唾液酸的大分子糖蛋白的含量可能增多，或者其唾液酸处于暴露状态，因此使癌细胞表面呈现较高的负电荷性，这可能与癌细胞的扩散、转移有关。同时，细胞膜内的某些复杂糖脂减少或消失，使突出于细胞表面的糖链缩短。这些糖链好像一根根触角，与细胞之间的识别、细胞黏着、控制增殖以及膜表面抗原决定簇等生理因素有关。糖链的缩短，可能成为癌细胞在体外培养中失去生长接触抑制的原因之一。糖蛋白的变化，也许与出现新的特异抗原有关，从而使宿主对癌细胞产生免疫应答。近年发现，正常细胞的生长和分裂，大概受细胞与其周围体液中的各种多肽激素（或激素样生长因子）相互作用的控制。而癌细胞由于表面膜上的变化，使其生长和分裂减少了对与膜相互作用的极速和大分子血清因子的依赖性，如某些高度转化的细胞甚至在无血清的培养条件下也可连续增殖。

许多种癌细胞的膜上腺苷环化酶活力降低，细胞内 cAMP 的含量降低。cAMP 的减少使细胞的代谢类型转换成 AI 细胞所具有的那种持续生长和分裂的原始代谢模式。注射丁二酰 cAMP 或腺苷环化酶的活化剂，能使体内的某些癌细胞暂时中止生长；向培养液中加入 cAMP，可使体外培养的癌细胞变得很像正常细胞。然而，在停止接触外源性 cAMP 后，这些细胞又恢复到原来的恶性状态。现在知道 cAMP 和 cGMP 的比例与控制 DNA 的合成有很直接的关系，但其机理尚不明了。

> ### 趣味点击　活化剂
>
> 　　活化剂是浮选药剂中的调整剂之一，用以通过改变矿物表面的化学组成，消除抑制剂作用，使之易于吸附捕收剂。如磷酸乙二胺、磷酸丙二胺、二甲苯、氟硅酸钠、硫酸铵、氯化铵、硫酸亚铁、氢氧化铵等。

　　此外，癌细胞膜的透性有极其突出的改变，其主动转运葡萄糖、氨基酸和核苷酸的能力增强了。癌细胞善于摄取必需的营养物，因此，其生存竞争能力和正常细胞相比较就占据优势，有利于满足连续进行增殖和转移性生长的需要。癌细胞膜有"渗漏"胞质酶类的倾向，漏出的酶类有参与糖酵解过程的酶、组织蛋白酶、胶朊酶类和纤维蛋白溶酶原激活因子。后者普遍使癌细胞有显著的溶纤维蛋白活性。肺癌患者血液中纤维蛋白元或其降解产物的浓度增高，大概就是出于这样的原因。癌细胞释放各种肽酶和其他水解酶类，可能促使周围正常组织被破坏。体外研究还证实，培养液中纤维蛋白溶酶原的浓度与转化细胞的游走性有直接的关系。说明膜的这些变化与癌细胞的浸润性、转移性生长等恶性行为有密切的关联。

　　2. 细胞质方面的变化：已知有些致癌剂（诸如偶氮染料）主要是和细胞质的蛋白质或 RNA 相结合。但是，在癌细胞的细胞质中，究竟发生了哪些变化，现在了解得还不多，有人用疱疹病毒在三倍体豹蛙中诱发高度恶性的肾癌，把三倍体的癌细胞核移植入已被激活但剔除胞核的正常蛙卵内，这个卵细胞仍能进行正常卵裂，并发育成为外观正常和机能完全的三倍体蝌蚪而不表现出任何癌的特征。这项研究清楚地证明了，正常细胞的细胞质中的"胞质因子"能使存在于癌细胞核中的遗传信息重新编制程序，迫使十分恶性的三倍体癌细胞核，像正常的受精卵细胞核一样按胚胎发育的顺序进行活动。但是，许多重要的"胞质因子"，目前尚未被分离提纯，其性质也未得到鉴定。近年，有人用正常肝细胞中的白蛋白信息 RNA 和肝癌细胞一起温育，使肝癌细胞合成白蛋白的量增加，而产生甲胎蛋白的量则下降，并且变得不易被刀豆球蛋白所凝集。这表明胞质中的信使核糖核酸能影响癌细胞的表现型，使其恢复某些正常的功能。这个事实可以联想到癌细胞的细胞质一定也发生了与正常细胞不同的变化。

细胞质是细胞进行能量代谢和合成蛋白质的重要场所。德国生化学家瓦博早已发现，癌细胞像胚胎性细胞一样，有氧酵解率高于正常细胞，而且，有氧酵解的强度似乎与癌细胞的生长速度相互关联。有氧酵解产生的大量氢离子，会对周围正常细胞的生存产生不利影响。癌细胞的这种代谢特征是由癌变后线粒体功能

拓展阅读

溶酶体

溶酶体是真核细胞中的一种细胞器；为单层膜包被的囊状结构，直径 0.025 ~ 0.8 微米，内含多种水解酶，专司分解各种外源和内源的大分子物质。

受损而产生的。可以认为，癌细胞质中不少重要的细胞器，如线粒体的外膜和溶酶体膜也像细胞膜一样存在着缺陷。

3. 细胞核方面的变化：细胞的膜和质确实对核基因的表现起着一种"反向"调节，不仅能够启动 DNA 的合成，而且，外界的信号大多要通过膜和质的正确转达才能传到细胞核。胞核基因组中的信息，最终也必须通过细胞质和细胞膜部分才转化为实际的行为。但是，导致细胞产生癌变的关键部位可能还是细胞核。

现代细胞生物学的研究已经证实，胞核基因组在细胞分化的程序控制中

占有重要的地位。考虑到许多已知的致癌因子的作用方式，可以认为，癌细胞的形成必然涉及 DNA 分子结构功能的改变。例如，致癌 DNA 病毒整合入宿主胞核基因组，致癌 RNA 病毒通过逆转录而由前病毒 DNA 整合入宿主胞核基因组；许多化学致癌剂结合于 DNA，发生碱基对取代或者移码突变；紫外光照射引起胸腺嘧啶二聚物形成，使 DNA 分子构型发生变化；X 光线辐射引起 DNA 链断裂、交联和碱基的改变。基于以上事实而从分子遗传学的观点提出的癌细胞形成的体细胞突变假说和病毒转化假说，也均着重强调了癌细胞胞核基因组有结构上的改变。目前已经鉴定出鸟类肉瘤病毒的致癌基因的核苷酸顺序，但是迄今尚未在这种病毒的转化细胞内找到这个基因的相应产物——与引起细胞转化直接有关的物质。一旦得到了这样的物质，就将使我们能够在细胞癌变过程中所发生的种种变化里，找出最关键性的演变步骤。

4. 使癌细胞表型变化逆转的可能性：癌细胞除产生胚胎抗原外，往往还表现出胚胎性的同功酶谱或者分泌某些异位激素，这些生物学特性都反映了癌细胞中基因活动调节控制的失常。由一个癌细胞同时生成癌瘤表现型细胞和正常表现型细胞的发现，

拓展阅读

子细胞

子细胞指由于细胞分裂所产生的两个新细胞，是相对于分裂前的母细胞而言的。

（例如，从相当罕见的动物恶性畸胎癌的未分化癌细胞中，或者从最为常见的人鳞状细胞癌的恶性基底细胞中，都自发地产生出充分分化的、具有正常表现型的子细胞），这两种表现型的确立无疑是因为重新编制了基因表现程序的结果。有些学者认为癌细胞的形成既不一定需要遗传信息本身的改变——胞核中多个基因的突变，也不一定需要添加新的遗传信息——病毒基因的整合，而只是一种发育过程中基因表达调控异常的问题——一种分化病。按照这种癌变的外遗传学说，癌细胞应存在可逆转性的潜势。事实上，小老鼠畸胎癌和人类成神经细胞瘤在某些因素的诱导下，的确能在体内自发地逆转为正常

细胞。也有更多的文献报道过，在体外培养的条件下，向培养液中加入二甲基亚砜（DMSO）能使成红血细胞性白血病细胞分化、成熟；加入 5 - 溴尿嘧啶脱氧核苷（BUdR）则能使小老鼠黑色素瘤细胞转变为正常的表现型。从小老鼠纤维母细胞提取得到的"巨噬细胞—粒细胞诱导蛋白（MGI）"可使小老鼠髓性白血病细胞分化为成熟的巨噬细胞和粒细胞；而从同类正常组织中提取的 RNA 也已证明能使癌细胞趋向于分化、成熟或者失去可移植性。此类成功的实例不仅证明了使癌细胞展现其分化潜能从而抑制其恶性表现的可能性确实存在，而且为我们提供了今后进一步研究的线索，或许可以阐明造成癌细胞的种种生物学特性的内在机理。

知识小链接

成神经细胞瘤

　　成神经细胞瘤是起源于交感神经系统的恶性肿瘤，是儿童最常见的颅外实性恶性肿瘤，占所有儿童期肿瘤的 8% ～10%。它们主要由未分化的交感神经细胞组成，多见于 5 岁以下，80% 发生于 3 岁之内，超过 10 岁以上少见，发生部位为腹膜后区，尤其肾上腺部位，其次为纵隔、盆腔和颈部等部位，发生在肾上腺者，多来源于肾上腺髓质。

☞ 不可抗拒的衰老

　　细胞衰老是机体在退化时期生理功能下降和紊乱的综合表现，是不可逆的生命过程。人体是由细胞组织起来的，组成细胞的化学物质在运动中不断受到内外环境的影响而发生损伤，造成功能退行性下降而老化。细胞的衰老与死亡是新陈代谢的自然现象。

　　细胞衰老是客观存在的。同新陈代谢一样，细胞衰老是细胞生命活动的客观规律。对多细胞生物而言，细胞的衰老和死亡与机体的衰老和死亡是两个不同的概念，机体的衰老并不等于所有细胞的衰老，但是细胞的衰老又是同机体的衰老紧密相关的。

广角镜

早 衰

早衰（儿童早老症）属遗传病，身体衰老的过程较正常衰老快 5 至 10 倍，患者样貌像老人，器官亦很快衰退，造成生理机能下降。病征包括身材瘦小、脱发和较晚长牙。患此罕见疾病的儿童，即使只有 16 岁，但看上去好像六七十岁的老人。患病儿童一般只能活到 7 至 20 岁，大部分都会死于衰老疾病，如心血管病，现仍无有效的治疗方法，只靠药物针对治疗。

研究表明，现代人类面临着三种衰老：第一种是生理性衰老，是指随着年龄增长所出现的生理性退化，这是一切生物的普遍规律。第二种是病理性衰老，即由于内在的或外在的原因使人体发生病理性变化，使衰老现象提前发生，这种衰老又称为早衰。第三种是心理性衰老，心理活动是生理活动更高级的物质运动形式，人类由于各种原因，常常产生"未老先衰"的心理状态而影响机体的整体功能。

细胞在正常环境条件下发生功能减退，逐渐趋向死亡的现象。衰老是生物界的普遍规律，细胞作为生物有机体的基本单位，也在不断地新生和衰老死亡。衰老是一个过程，这一过程的长短即细胞的寿命，它随组织种类而不同，同时也受环境条件的影响。高等动物体细胞都有最大分裂次数，细胞分裂一旦达到这一次数就要死亡。各种动物的细胞最大分裂数各不相同，人细胞为 50~60 次。一般说来，细胞最大分裂数与动物的平均寿命成正比。细胞衰老时会出现水分减少、老年色素——脂褐色素累积、酶活性降低、代谢速率变慢等一系列变化。关于细胞衰老，目前已有不少假说，主要包括遗传因素说、细胞损伤学说、生物大分子衰老学说等，但都不能圆满地解决所有问题。

通过细胞衰老的研究可以了解衰老的某些规律，对认识衰老和最终找到推迟衰老的方法都有重要意义。细胞衰老问题不仅是一个重大的生物学问题，而且是一个重大的社会问题。随着科学发展而不断阐明衰老过程，人类的平均寿命也将不断延长。但也会出现相应的社会老龄化问题以及心血管病、脑血管病、癌症、关节炎等老年性疾病发病率上升的问题。因此衰老问题的研究是今后生命科学研究中的一个重要课题。

生物体内的绝大多数细胞，都要经过未分化、分化、衰老、死亡等几个阶段。可见细胞的衰老和死亡也是一种正常的生命现象。我们知道，生物体内每时每刻都有细胞在衰老，死亡，同时又有新增殖的细胞来代替它们。例如，人体内的红细胞，每分钟要死亡数百万至数千万之多，同时，又能产生大量的新的红细胞递补上去。

细胞衰老的特征。研究表明，衰老细胞的核、细胞质和细胞膜等均有明显的变化：

（1）细胞内水分减少，体积变小，新陈代谢速度减慢；

（2）细胞内酶的活性降低；

（3）细胞内的色素会积累；

（4）细胞内呼吸速度减慢，细胞核体积增大，线粒体数量减少，体积增大；

（5）细胞膜通透性功能改变，使物质运输功能降低。

形态变化。总体来说老化细胞的各种结构呈退行性变化。衰老细胞的形态变化表现有：

（1）核：增大、染色深、核内有包含物。

（2）染色质：凝聚、固缩、碎裂、溶解。

（3）质膜：黏度增加、流动性降低。

（4）细胞质：色素积聚、空泡形成。

（5）线粒体：数目减少、体积增大。

（6）高尔基体：碎裂。

（7）尼氏体：消失。

（8）包含物：糖原减少、脂肪积聚。

（9）核膜：内陷。

分子水平的变化：

（1）DNA：总体上 DNA 复制与转录在细胞衰老时均受抑制，但也有个别基因会异常激活，端粒 DNA 丢失，线粒体 DNA 特异性缺失，DNA 氧化、断裂、缺失和交联，甲基化程度降低。

（2）RNA：信使 RNA 和运转 RNA 含量降低。

（3）蛋白质：含量下降，细胞内蛋白质发生糖基化、氨甲酰化、脱氨基等修饰反应，导致蛋白质稳定性、抗原性、可消化性下降，自由基使蛋白质肽断裂，交联而变性。氨基酸由左旋变为右旋。

知识小链接

抗原性

抗原刺激机体产生免疫应答的能力。抗原性的强弱与抗原分子的大小、化学成分、抗原决定簇的结构、抗原与被免疫动物亲缘关系的远近等有密切关系。通常认为抗原的分子量愈大、化学组成愈复杂、立体结构愈完整以及与被免疫动物的亲缘关系愈远，则抗原性愈强。

（4）酶分子：活性中心被氧化，金属离子 Ca^{2+}、Zn^{2+}、Mg^{2+}、Fe^{2+} 等丢失，酶分子的二级结构、溶解度、等电点发生改变，总的效应是酶失活。

（5）脂类：不饱和脂肪酸被氧化，引起膜脂之间或与脂蛋白之间交联，膜的流动性降低。

▶ 衰老的免疫学理论

衰老与免疫之间的关系，很早就已经被提出来了。不过真正地阐明衰老的免疫学机理还是最近十几年的事。

机体之所以会产生免疫力，是因为免疫活性细胞能够识别和歼灭一切入侵者的缘故。在人体内，有巨噬细胞和 T、B 两类不同的淋巴细胞。T 细胞依赖于胸腺，它的职责是发现和直接攻击细菌、病毒、真菌、癌细胞以及其他被它们认为是外来的东西。B 细胞依赖于腔上囊或骨髓，它能在入侵者的抗原刺激下，开始分化并多次进行分裂，形成浆细胞，而浆细胞又产生并释放出千千万万的抗体。抗体经过血液到达躯体的各个部分，当它们遇到应当加以围攻的入侵者时，大量的抗体粘着在入侵者身上，入侵者于是就在另外的分子（补体）的作用下，或者在巨噬细胞的作用下被消灭。抗体的产生是靠入侵者来发动的。每一种入侵者只能激活一种 B 细胞，B 细胞表面伸出来的分子——受体，鉴定细菌、病毒和其他入侵者表面伸出的相应的抗原分子。一种抗原只能配 B 细胞上的一种受体，B 细胞上的受体能够识别这种抗原，但是，大多数抗体的形成还需要有巨噬细胞和 T 细胞的参与。

在 20 世纪 60 年代末期，研究人员提出了衰老的自身免疫学说，认为与自身抗体有关的自身免疫在导致衰老过程中起着决定性的作用，自身抗体造成细胞的变性和死亡。

在讨论衰老与免疫的关系中，特别要指出的是 T 细胞的变化。虽然人们早就发现人和动物的老化过程中抗体渐渐减少，但是，骨髓中的干细胞、辅助细胞以及 B 细胞，它们的数量随年龄的增大变化不明显。唯有 T 细胞随年龄的增大数量明显地减少，这是因为胸腺是在儿童时期生长起来的，并在青春期长到最大，以后随年龄的增长而逐渐萎缩的缘故。

T 细胞数量的下降往往是自身免疫病和肿瘤发病率增加的一个主要原因。在新西兰小黑鼠的全身性红斑狼疮的例子中，证明 T 细胞免疫成分的下降先于自身免疫病的发生，而注射同系小鼠胸腺细胞可以延缓发病。新生鼠去除胸腺后，高发自体免疫病。在肿瘤发病与 T 细胞的关系方面，给予抗淋巴血清的病人（主要压制了 T 细胞）恶变增加。人和动物免疫压制时，则增加自发瘤及增加移植肿瘤的着生和扩散。

有人认为，T 细胞降低与自体免疫病增加的机理大致是与病毒的参与有关。病毒是一种细胞内寄生物，可以决定细胞表面抗原，特别是 RNA 病毒，故可以由"自体"免疫的方式去排除病毒。在有免疫缺陷的人和动物体内，产生病毒的疾病组织不断产生病毒，使其继续感染，为了杀灭病毒，抗病毒抗体就大量产生，也就是抗原组织的"自身"抗体表现出来。病毒加上抗体可造成免疫复合疾病，但不能排除患病组织，就导致正常组织病变并诱发肿瘤。感染，免疫机能降低，免疫复合疾病，致癌是老化的自体免疫机理的一个组成部分。

免疫系统是一种相对独立而又与机体的各种器官组织有密切交往的特殊的动态变化系统。免疫活性细胞是比较适合于体外培养和观察的细胞，可以了解它们的细胞核、细胞膜以及细胞分泌物的各种变化。因此从衰老的自体免疫理论出发，可以做很多的研究工作。目前科学家们正设想从改变老年动物的免疫状态入手，以期能通过"免疫工程学"去纠治自体免疫病和恢复青春。

关于细胞衰老的学说

差错学派

细胞衰老是各种细胞成分在受到内外环境的损伤作用后，因缺乏完善的修复，使"差错"积累，导致细胞衰老。根据对导致"差错"的主要因子和主导因子的认识不同，可分为不同的学说，这些学说各有实验证据。

1. 代谢废物积累学说。细胞代谢产物积累至一定量后会危害细胞，引起衰老，哺乳动物脂褐质的沉积是一个典型的例子，脂褐质是一些长寿命的蛋白质和 DNA、脂类共价缩合形成的巨交联物，次级溶酶体是形成脂褐质的场所，由于脂褐质结构致密，不能被彻底水解，又不能排出细胞，结果在细胞内沉积增多，阻碍细胞的物质交流和信号传递。最后导致细胞衰老。研究还发现老年性痴呆（AD）脑内的脂褐质、脑血管沉积物中有 β - 淀粉样蛋白，因此 β - AP 可作为 AD 的鉴定指标。

2. 大分子交联学说。过量的大分子交联是衰老的一个主要因素，如 DNA 交联和胶原交联均可能损害其功能，引起衰老。在临床方面胶原交联和动脉硬化、微血管病变有密切关系。

3. 自由基学说。自由基是一类瞬时形成的含不成对电子的原子或功能基团，普遍存在于生物系统。其种类多、数量大，是活性极高的过渡态中间产物。如 OH⁻ 和各类活性氧中间产物，正常细胞内存在清除自由基的防御系统，包括酶系统和非酶系统。前者如：超氧化物歧化酶（SOD），过氧化氢酶（CAT），谷胱甘肽过氧化物酶（GSH – PX），非酶系统有维生素 E，酶类物质等电子受体。

自由基的化学性质活泼，可攻击生物体内的 DNA、蛋白质和脂类等大分子物质，造成损伤，如 DNA 的断裂、交联、碱基羟基化。蛋白质的变性而失活，膜脂中不饱和脂肪酸的氧化而流动性降低。实验表明 DNA 中自由基数量随着年龄的增加而增加。

大量实验证明，超氧化物歧化酶与抗氧化酶的活性升高能延缓机体的衰老。将超氧化物歧化酶与过氧化氢酶基因导入果蝇，使转基因株比野生型这两种酶基因多一个拷贝，结果转基因株中酶活性显著升高，平均年龄和最高寿限有所延长。

4. 体细胞突变学说。认为诱发和自发突变积累和功能基因的丧失，减少了功能性蛋白的合成，导致细胞的衰老和死亡。如辐射可以导致年轻的哺乳动物出现衰老的症状，和个体正常衰老非常相似。

知识小链接

体细胞突变学说

体细胞突变学说认为突变引起的细胞形态变化及功能失调或丧失是人体衰老的重要原因。二倍体细胞中两条染色体上等位基因都被某些突变因素击中时，子代细胞会很快发生形成、功能的改变，甚至死亡。由此可见，二倍体细胞的衰老性改变取决于这种等位基因被击中的比率以及所造成缺陷的水平。

5. DNA 损伤修复学说。外源的理化因子，内源的自由基均可导致 DNA 的损伤。正常机体内存在 DNA 的修复机制，可以使损伤的 DNA 得到修复，但是随着年龄的增加，这种修复能力下降，导致 DNA 的错误累积，最终细胞衰老死亡。DNA 的修复并不均一，转录活跃基因被优先修复，在同一基因中转录区被优先修复，而彻底的修复仅发生在细胞分裂的 DNA 复制时期，这就是干细胞能永葆青春的原因。

6. 生物分子自然交联学说。该学说在论证生物体衰老的分子机制时指出：生物体是一个不稳定的化学体系，属于耗散结构。体系中各种生物分子具有大量的活泼基团，它们必然相互作用发生化学反应使生物分子缓慢交联以趋向化学活性的稳定。随着时

拓展阅读

耗散结构

耗散结构指系统在远离平衡态条件下，通过与外界进行交换及组分间非线性关系所形成的一种新型有序组织结构。

间的推移，交联程度不断增加，生物分子的活泼基团不断消耗减少，原有的分子结构逐渐改变，这些变化的积累会使生物组织逐渐出现衰老现象。生物分子或基因的这些变化一方面会表现出不同活性甚至作用彻底改变的基因产物，另一方面还会干扰 RNA 聚合酶的识别结合，从而影响转录活性，表现出基因的转录活性有次序地逐渐丧失，促使细胞、组织发生进行性和规律性的表型变化乃至衰老死亡。

生物分子自然交联说论证生物衰老的分子机制的基本论点可以归纳为：①各种生物分子不是一成不变的，而是随着时间推移按一定自然模式发生进行性自然交联。②进行性自然交联使生物分子缓慢联结，分子间键能不断增加，逐渐高分子化，溶解度和膨润能力逐渐降低和丧失，其表型特征是细胞和组织出现老态。③进行性自然交联导致基因的有序失活，使细胞按特定模式生长分化，使生物体表现出程序化和模式化生长、发育、衰老以至死亡的动态变化历程。

遗传论学派

认为衰老是遗传决定的自然演进过程，一切细胞均有内在的预定程序决定其寿命，而细胞寿命又决定种属寿命的差异。且外部因素只能使细胞寿命在限定范围内变动。

1. 细胞有限分裂学说认为，人的纤维细胞在体外培养时增殖次数是有限的。后来许多实验证明，正常的动物细胞无论是在体内生长还是在体外培养，其分裂次数总存在一个"极极值"，亦称最大分裂次数。如人胚成纤维细胞在体外培养时只能增殖 60~70 代。

现在普遍认为细胞增殖次数与端粒 DNA 长度有关。

研究发现体细胞染色体的端粒 DNA 会随细胞分裂次数增加而不断缩短。DNA 复制一次端粒就缩短一段，当缩短到一定程度至"极极值"点时，细胞停止复制，而走向衰亡。资料表明人的成纤维细胞端粒每年缩短 14~18bp，可见染色体的端粒有细胞分裂计数器的功能，能记忆细胞分裂的次数。

端粒的长度还与端聚酶的活性有关，端聚酶是一种反转录酶，能以自身的 RNA 为模板合成端粒 DNA，在精原细胞和肿瘤细胞（如 Hela 细胞）中有较高的端聚酶活性，而正常体细胞中端聚酶的活性很低，呈抑制状态。

2. 重复基因失活学说。真核生物基因组 DNA 重复序列不仅增加基因信息量，而且也是使基因信息免遭机遇性分子损害的一种方式。主要基因的选择性重复是基因组的保护性机制，也可能是决定细胞衰老速度的一个因素，重复基因的一个拷贝受损或选择关闭后，其他拷贝被激活，直到最后一份拷贝用完，细胞因缺少某种重要产物而衰亡。实验证明小老鼠肝细胞重复基因的转录灵敏度随年龄增长而逐渐降低。哺乳动物 rRNA 基因数随年龄增长而减少。

3. 衰老基因学说。统计学资料表明，子女的寿命与双亲的寿命有关，各种动物都有相当恒定的平均寿命和最高寿命，成人早衰症病人平均 39 岁时出现衰老，47 岁生命结束，婴幼儿早衰症的小孩在 1 岁时出现明显的衰老，12 ~ 18 岁即过早夭折。由此来看物种的寿命主要取决于遗传物质，DNA 链上可能存在一些"长寿基因"或"衰老基因"来决定个体的寿限。

研究表明当细胞衰老时，一些衰老相关基因（SAG）表达特别活跃，其表达水平大大高于年轻细胞，已在人类 1 号染色体、4 号染色体及 X 染色体上发现 SAG。

对早衰老综合征的研究发现体内解旋酶存在突变，该酶基因位于 8 号染色体短臂，称为 WRN 基因，对 AD 的研究发现，至少与 4 个基因的突变有关。其中淀粉样蛋白前体基因（APP）的突变，导致基因产物 β 淀粉蛋白易于在脑组织中沉积，引起基因突变。

细胞造福人类

　　细胞是一个独立有序的、能够进行自我调控的结构与功能体系。每一个细胞都具有一整套完整的装置以满足自身代谢的需要。

　　我们可以利用细胞来造福人类，用单倍体育种技术来培育良种幼苗，用体细胞杂交技术来培育优秀品种，用遗传工程，创造新品种……

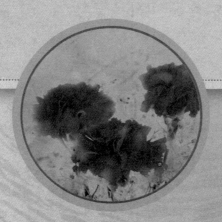

单倍体育种技术

一粒种子，播到土壤里给予合适的条件就会发芽，长成一棵植物，这是人人都知道的。在栽培的农作物，特别是园艺作物中，常常用根、茎、叶来繁殖后代，如柳树用枝条扦插育苗，马铃薯用它块茎上的芽繁殖。而有的观赏植物如秋海棠的叶片插到土里就会发芽生根。这也都是人们所熟悉的，但是近十几年来科学技术的发展已经能把一个植物体细胞培育成一棵植物，如菸草，这说明不单植物的种子和器官有繁殖能力，植物的细胞也有传种接代的本领。1964年有人将曼陀罗的生殖细胞——花粉培养成一棵幼苗，说明在离体条件下，花粉能够改变原来的发育途径，不再变成精子，而形成一团团的细胞团块——愈伤组织，然后形成胚状体（种子发育成幼苗的中间形态之一），再长成一棵单倍体植株，这一发现提供了一个新的育种途径——单倍体育种方法。

什么是单倍体呢？有性生殖的植物如一般作物都是二倍体植物。在受精时，通常为雄蕊的花粉落在雌蕊的柱头上，卵核和精子结合，产生下一代，所以在它的体细胞中包括有父母双方的两套遗传物质，即有两套染色体（或称双倍体）。植物的花粉是由花粉母细胞经减数分裂而形成的。这种细胞中只含有一套染色体，其染色体数仅是体细胞的一半。比如水稻，双倍体植株的每一体细胞有24条染色体，单倍

广角镜

单倍体

染色体倍性是指细胞内同源染色体的数目，其中只有一组的称为"单套"或"单倍体"。需要注意的是，单倍体与一倍体（体细胞含一个染色体组的个体）有区别。有的单倍体生物的体细胞中不只含有一个染色体组。绝大多数生物为二倍体生物，其单倍体的体细胞中含一个染色体组，如果原物种本身为多倍体，那么它的单倍体的体细胞中含有的染色体组数一定多于一个。例如，四倍体水稻的单倍体含两个染色体组，六倍体小麦的单倍体含三个染色体组。

体的仅有 12 条。在天然情况下，只有极少数花粉不经受精而单性生殖成一个个体，这样的个体，它们的体细胞也都只有一套染色体，因此是单倍体的，这样的植株叫单倍体植株。植物的单倍体植株，在自然界中很少见，多数单倍体植株是靠人工培育成的。

一粒花粉能够变成一棵植株，然而，要把这种可能变为现实，还必须给予合适的条件，促使花粉改变原来发育的途径，向有利于长成植株的方向转化。广泛采用的方法是离体培养花药，让花粉发育成植株。大多数植物的花都有雄蕊和雌蕊，雄蕊包括花药和花丝两部分，花粉就贮存在花药里面，取出花药，进行人工培养，这就叫作离体培养，直接培养花粉粒，也能发育成植株，但是要比培养花药困难得多。

培养基

培养基是供微生物、植物和动物组织生长和维持用的人工配制的养料，一般都含有碳水化合物、含氮物质、无机盐（包括微量元素）以及维生素和水等。

花粉长成植株的第一步是花药的离体培养，培养能否成功的关键之一是花粉的年龄，一般要选用单核中晚期。花蕾先经无菌处理，再在无菌条件下取出花药，接种到培养基上，在 25℃ ~ 30℃ 下培养，给予适当的光照，几天后花药由绿色变成褐色，花粉开始细胞分裂，这个分裂过程是肉眼看不见的。分裂的方式主要有两种，一种是花粉粒均匀地分裂下去，另一种是花粉粒分裂成一大一小的营养细胞和生殖细胞，营养细胞中有淀粉粒等，它可以继续分裂下去。生殖细胞再分裂一两次后停止发育。有的植物如颠茄等茄科植物的花粉经过类似胚胎的发育过程形成胚状体，直接长成植株。而多数植物如水稻、甘榄、西红柿、大麦、粟等花粉粒不断分裂增殖形成了愈伤组织，愈伤组织只是一团团的细胞团块，需要把它们转移到一定的培养基上，才能分化出根和芽，也有的植物如小麦、辣椒采用上述的哪一种途径都可以，这由控制培养基的成分来决定。

在花粉长成小苗的过程中，培养基的成分是最主要的外界条件，花粉离开母体之初，可以吸取花药壁细胞的一些养料，之后，养料来源就主要靠培养基来供给了。常用的培养基一般含有作物所需要的无机盐，如氮、磷、钾、硫、镁、铁等大量元素和锰、铜、锌等微量元素以及维生素、蔗糖等。不同植物对培养基的要求也不一样，比如有些植物的花药培养基中，可以不加激素，但也有一些植物为了促使细胞分裂、分化，往往需要使用一定浓度的天然活性物质或提纯的激素，如生长素、细胞分裂素。

从一个花药中长出的小苗挤成一团，细弱而且根系也不发达，不能直接移到土壤中，必须先移到有培养基的试管中，当形成发达的根系，长出 4 ~ 5 片真叶时再移入花盆，盖上塑料薄膜，待其长出 8 ~ 9 片叶子后，再移到田间。由愈伤组织长出的小苗，也需要待长到一定大小，根系比较发达时，才能移到土壤中去。

由花粉长出的小苗都是单倍体植株，仅少数进行染色体自然加倍，大多数仍是单倍体的。单倍体植株由于染色体不能配对而不结实，在育种上没有价值，所以还需要用人工方法进行染色体加倍处理。常用的方法是用稀的植物刺激素——秋水仙碱处理小苗根或芽。秋水仙碱能作用于正在进行分裂的细胞，抑制新的细胞壁形成，使已经一分为二的染色体不再分到两个子细胞中去，仍留在原来的细胞中，这样在同一个细胞里，染色体数目就加倍了，药效停止后，细胞又进行正常分裂，结果整个植物细胞变成了双倍体类型。也可以将小苗的根、茎、叶的某一部分切下来培养，使其自然加倍，以此得到能结实的双倍体植物。

"种"是农业"八字宪法"中的主要组成部分，随着农业生产飞速发展的需要，对育种工作提出了更高的要求。目前运用的杂交、辐射和杂种优势育种法在农业生产上起着重要作用，但是它们都具有选种手续繁琐、育种周期长的共同缺点。通常要得到一个比较稳定的品种，需要 5 年或更长的时间。而利用花粉育种，一次便能稳定杂种后代的性状，显著加快了育种速度，简化了育种手续，节省了大量人力、物力和土地，这是育种工作中的一大革新。

育种的新途径——体细胞杂交

随着生产和科学实验的不断发展，人们对控制生物遗传性状的要求在不断增加，对于改变作物和牲畜的性能也有着种种美好的设想。比如培育地上与地下都能结果的作物，繁殖力大如牛、快步如马、使役期长的牲畜等。这些设想都曾被当成是幻想。但是，自从能把离开母体的体细胞（构成躯体的那些细胞，在植物中也叫营养细胞）人工培养成一棵完整的植物，并且能够用人工方法把属于不同种的两个或两个以上的体细胞融合杂交成一个细胞以来，人们的这些设想才有了科学的依据。

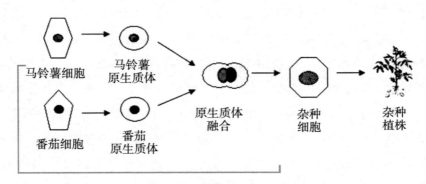

马铃薯、番茄体细胞杂交示意图

体细胞融合杂交的现象，在自然界中普遍地发生着。早在1个世纪以前，人们就已经在肿瘤、结核病患者的组织，高等植物体细胞中发现了多核细胞，之后又观察到细胞核和染色质能够穿过细胞壁而进入另一个细胞，造成了细胞融合现象。然而直到20世纪60年代，体细胞杂交技术才真正开展起来。1962年人们第一次用病毒把肿瘤细胞融合成多核细胞。

体细胞杂交技术是比较复杂的，需要先将不同种类的活细胞从母体中分离出来，并且还要让它们保持原有的活性才便于融合。

知识小链接

结核病

结核病是由结核分枝杆菌复合群引起的慢性感染性疾病，可累及全身多器官系统，最常见的患病部位是肺脏，占各器官结核病总数的80%～90%，也可以累及肝、肾、脑、淋巴结等器官。它的主要的传播途径有呼吸道、消化道、皮肤和子宫，但主要是通过呼吸道。

植物体细胞杂交常用的方法是：①去掉细胞壁。植物细胞外面包有一层坚硬的细胞壁，妨碍着细胞彼此接触、融合，只有去掉细胞壁，只剩下没有细胞壁的原生质体，才能使不同细胞的细胞膜相互接触，进行融合杂交。除去细胞壁可用机械、高渗等方法。较好的方法是用酶溶解，然后再将酶溶液洗去，现在已能使二十几种植物：小麦、大麦、蚕豆、豌豆、菸草、土豆等分离出球状的原生质体，这类原生质体能够在合成的培养基上发育成完整而正常的植株，一般称这种能力为全能性。②诱导原生质体融合。把不同种原生质体放在利于融合的溶液中（如硝酸钠等），在一定的温度、离子强度下使它们合并成一个融合体，也叫异核体。③诱导异核体再生新细胞壁。把异核体放在合适的培养基上，使其重建细胞壁。④诱导融合细胞分裂与核融合。在核的分裂过程中，使融合细胞内的两种不同的核融合在一起成为杂种细胞，并且继续分裂形成细胞团。⑤诱导细胞团分化成植株。把杂种细胞团再放在合适的培养基上，使其继续分裂，分化出幼芽和幼根，然后形成完整的植株。

动物体细胞杂交：动物体细胞杂交借助于病毒为媒介，所用的病毒是与流感病毒相近的仙台病毒。

进行杂交时，将不同种的细胞与病毒放在一起，在37℃下温育，病毒吸附在细胞膜上，使细胞凝集在一起。病毒把细胞膜溶解后，引起细胞膜相互融合，出现多核细胞，这种多核细胞由于被病毒感染，当病毒繁殖时终将死亡，但是如果用紫外线处理病毒，使其失去感染性，那么融合的细胞就有可能培育成为杂种细胞。

体细胞杂交打破了有性杂交不亲和的界限，体细胞种类繁多，比比皆是，取之不尽，用之不竭。同时，可以不限制生物的种类，不但可以在种内，而且可以在种间，甚至可以在亲缘更远的种类之间进行杂交，另外体细胞杂交是在细胞水平上进行的，培育新品种的周期也短得多。

拓展阅读

体细胞杂交

体细胞杂交又称体细胞融合，指将两个GT不同的体细胞融合成一个体细胞的过程。融合形成的杂种细胞，兼有两个细胞的染色体。

如果用体细胞杂交法培育动物新品种，目前尚有很大困难，这是因为动物的体细胞不能像生殖细胞那样发育成一个个体。但是"人们为着要在自然界里得到自由，就要用自然科学来了解自然，克服自然和改造自然，从自然里得到自由"。人们的认识能力是无限的，随着对体细胞杂交的深入研究和实践，人们终将会在利用体细胞杂交技术改造动物方面，开拓出新的天地。

在医学方面，体细胞杂交具有诱人的前景，目前，癌症被人们认为是最危险的疾病之一。有人试验将癌细胞与正常细胞杂交后产生的细胞注射到动物身上，之后，再给这只动物接种肿瘤细胞，它也不会得癌症了，这说明它具有了免疫能力。我国科学工作者将一种肿瘤细胞与脾脏细胞或鸡血球合并，注入大白鼠体内，十天后接种肿瘤细胞，得到免疫，免疫力的大小与注入的杂种细胞和接种的肿瘤细胞量有关：注入杂种细胞量大，免疫力强；反之，免疫力弱。他们还用移植细胞核的方法，将肿瘤细胞核移植到两栖类受精卵中，研究由受精卵发育的细胞对肿瘤的免疫能力。结果表明，肿瘤细胞核移入蟾蜍受精卵所产生的胚胎细胞，有显著的抗该肿瘤的能力。这为人类征服癌症展示了一种可能的途径。人类的其他疾病也有可能用这种方法来免疫。

融合杂交的细胞没有排他性，也就是两种不同的细胞融合不会相互排斥，因此对修补细胞的损伤，可能会有较好的效果。

当然，体细胞杂交目前尚处于实验阶段，要实际应用还要进行艰苦的努力。

细胞工程的应用

细胞工程作为科学研究的一种手段，已经渗入到生物工程的各个方面，成为必不可少的配套技术。在农林、园艺和医学等领域中，细胞工程正在为人类作出巨大的贡献。

1. 粮食与蔬菜生产。利用细胞工程技术进行作物育种，是迄今人类受益最多的一个方面。我国在这一领域已达到世界先进水平，以花药单倍体育种途径，培育出的水稻品种或品系有近 100 个，小麦有 30 个左右。其中河南省农科院培育的小麦新品种，具有抗倒伏、抗锈病、抗白粉病等优良性状。

在常规的杂交育种中，育成一个新品种一般需要 8～10 年，而用细胞工程技术对杂种的花药进行离体培养，可大大缩短育种周期，一般提前 2～3 年，而且有利于优良性状的筛选。微繁殖技术在农业生产上也有广泛的用途，其技术比较成熟，并已取得较大的经济效益。例如，我国已解决了马铃薯的退化问题，日本的一家公司已能在 1000 升容器中大量培养无病毒微型马铃薯块茎作为种薯，实现种薯生产的自动化。通过植物体细胞的遗传变异，筛选各种有经济意义的突变体，为创造种质资源和新品种的选育发挥了作用。现已选育出优质的番茄、抗寒的亚麻以及水稻、小麦、玉米等新品系。有希望通过这一技术改良作物的品质，使它更适合人类的营养需求。

蔬菜是人类膳食中不可缺少的成分，它为人体提供必需的维生素、矿物质等。蔬菜通常以种子、块根、块茎、插扦或分根等传统方式进行繁殖，花费成本低。但是，在引种与繁育、品种的种性提纯与复壮、育种过程的某些中间环节，植物细胞工程技术仍大有作为。例如，从国外引进蔬菜新品种，最初往往只有几粒种子或很少量的块根、块茎等。要进行大规模地种植，必须先大量增殖，这就可以应用微繁殖技术，在较短时间内迅速扩大群体。在常规育种过程中，也可以应用原生质体或单倍体培养技术，快速繁殖后代，简化制种程序。另外，还可以结合植物基因工程技术，改良蔬菜品种。

🔖 知识小链接

细胞工程技术

细胞工程技术是细胞生物学与遗传学的交叉领域，主要是利用细胞生物学的原理和方法，结合工程学的技术手段，按照人们预先的设计，有计划地改变或创造细胞遗传性的技术。这些技术包括体外大量培养和繁殖细胞，或获得细胞产品，或利用细胞体本身，主要内容包括：细胞融合、细胞生物反应器、染色体转移、细胞器移植、基因转移、细胞及组织培养。

---

2. 园林花卉。在果树、林木生产实践中应用细胞工程技术主要是微繁殖和去病毒技术。几乎所有的果树都患有病毒病，而且多是通过营养体繁殖代代相传的。用去病毒试管苗技术，可以有效地防止病毒病的侵害，恢复种性并加速繁殖速度。目前，香蕉、柑橘、山楂、葡萄、桃、梨、荔枝、龙眼、核桃等十余种果树的试管苗去病毒技术，已基本成熟。香蕉去病毒试管苗的微繁殖技术已成为产业化商品化的先例之一。因为香蕉是三倍体植物，必须通过无性繁殖延续后代，传统方法一般采用吸芽繁殖，感病严重，繁殖率低；而采用去病毒的微繁殖技术不仅改进了品质，亩产量提高 30% ～ 50%，很容易被蕉农接受。

非洲紫罗兰

近年来，对经济林木组织培养技术的研究也受到很大的重视。采用这一技术可比常规方法提前数年进行大面积种植。特别是有些林木的种子休眠期很长，常规育种十分费时。据不完全统计，现已研究成功的林木植物试管苗已达百余种，如泡桐、槐树、银杏、茶、棕榈、咖啡、椰子树等。其中桉树、杨树和花旗松等大面积应用于生产，澳大利亚已实现桉树试管苗造林，用幼芽培养每年可繁殖 40 万株。

植物细胞工程技术使现代花卉生产发生了革命性的变化。1960 年，科学家首次利用微繁殖技术将兰花的愈伤组织培养成植株后，很快形成了以组织培养技术为基础的工业化生产体系——兰花工业。现在，世界兰花市场上有 150 多种产品，其中大部分都是用快速微繁殖技术得到的试管苗。从此，市场供应摆脱了气候、地理和自然灾害等因素的限制。至今，已报道的花卉试管苗有 360 余种，已投入商业化生产的有几十种。我国对康乃馨、月季、唐菖蒲、菊花、非洲紫罗兰等品种的研究较为成熟，有的也已商品化，并有大量产品销往东南亚地区。

3. 临床医学与药物。自 1975 年英国剑桥大学的科学家利用动物细胞融合技术首次获得单克隆抗体以来，许多人类无能为力的病毒性疾病遇到了克星。用单克隆抗体可以检测出多种病毒中非常细微的株间差异，鉴定细菌的种型和亚种。这些都是传统血清法或动物免疫法所做不到的，而且诊断异常准确，误诊率大大降低。例如，抗乙型肝炎病毒表面抗原的单克隆抗体，其灵敏度比当前最佳的抗血清还要高 100 倍，能检测出抗血清 60% 的假阴性。

近年来，应用单克隆抗体可以检查出某些尚无临床表现的极小肿瘤病，检测心肌梗死的部位和面积，这为有效治疗提供了方便。单克隆抗体已成功地应用于临床治疗，主要是针对一些还没有特效药的病毒性疾病，尤其适用于抵抗力差的儿童。人们正在研究"生物导弹"——单克隆抗体作为载体携带药物，使药物准确地到达癌细胞，以避免化疗或放射疗法把正常细胞与癌细胞一同杀死的副作用。

知识小链接

放射疗法

放射疗法是用 X 线，γ 线、电子线等放射线照射癌组织，由于放射线的生物学作用，能最大量的杀伤癌细胞，破坏癌组织，使其缩小。这种疗法是利用放射线对癌细胞有致死效果的疗法，足够的放射剂量仅对被照射部位有治疗效果，所以，放射疗法是和外科手术疗法相同的局部疗法。

生物药品主要有各种疫苗、菌苗、抗生素、生物活性物质、抗体等，是生物体内代谢的中间产物或分泌物。过去制备疫苗是从动物组织中提取的，得到的产量低而且很费时。现在，通过培养、诱变等细胞工程或细胞融合途径，不仅大大提高了效率，还能制备出多价菌苗，可以同时抵御两种及以上病原菌的侵害。用同样的手段，也可以培养出能在培养条件下长期生长、分裂并能分泌某种激素的细胞系。1982 年美国科学家用诱变和细胞杂交手段，获得了可以持续分泌干扰素的体外培养细胞系，现已走向应用。

4. 繁育优良品种。目前，人工授精、胚胎移植等技术已广泛应用于畜牧业生产。综合利用各项技术，如胚胎分割技术、核移植细胞融合技术、显微操作技术等，在细胞水平上改造卵细胞，有可能创造出高产奶牛、瘦肉型猪等新品种。特别是干细胞技术的建立，更展现了美好的前景。

诚然，细胞工程的伟大和神奇确实令人惊叹不已，但随着这一类技术的迅猛发展，基因产品的广泛应用，其安全性已引起了人们的广泛关注。虽然从本质上来讲，转基因植物和常规育成的品种是一样的，两者都是在原有品种的基础上对其一部分进行修饰，或增加新特性，或消除原来的不利性状，但是，以前所用的有性杂交仅仅局限于种类和近缘种之间，而转基因植物却大胆突破了这一局限，其外源基因可以来自植物、微生物甚至动物。在这种情况下，人们对可能出现的新组合、新性状是否会影响人类健康和生物环境还缺乏足够的认识和经验。至少从目前来说，我们还不可能很精确地预测某一个外源基因在新的遗传背景中会产生什么样的相互作用。并且，转基因植物还可以对它所在的环境产生一定的影响。比如现在应用最多的抗除草剂基因就可能通过同属野生植物异花传粉而逐渐扩散进入自然界，从而使杂草的控制变得更加困难；而抗虫、抗

转基因植物

转基因植物是拥有来自其他物种基因的植物。该基因变化过程可以来自不同物种之间的杂交，但该名词更多的特指那些在实验室里通过重组 DNA 技术人工插入其他物种基因以创造出拥有新特性的植物。

病基因也有可能通过类似的途径转移到环境中，给野生种群带来选择优势而变得无法收拾。虽然现在一般通过生殖隔离（设置缓冲作物带和隔离区）来防止基因漂流至临近作物，但进行大规模生产和推广时就会难以控制。另外，转基因作物还可能造成对微生物的影响，研究曾发现转基因油菜中的基因可转至黑曲霉中，虽然机制还不明确，但至少存在这个事实。自然界中存在着植物病毒间的异源重组，病毒的异源包装（转移包装）可以改变其宿主范围。转基因植物表达的病毒外壳蛋白在体外实验中可以包装入侵的另一种病毒的核酸，产生一种新病毒，虽然在小规模的田间实验中并未发现这种情况，但长期的大规模生产应用中是否也是这样呢？此外，公众对转基因植物的接受性和安全问题也是我们应该考虑的问题。

由此可见，细胞工程是一柄双刃剑，在造福于人类的同时也可能毁灭人类，甚至整个地球。这就要求我们在大力发展的同时注意其安全性，不断完善理论以及技术，使其更好地为人类服务。

遗传工程

遗传工程，从广义说，就是以改变遗传的方法，也就是获得新的遗传特性的方法来改变物种或者产生新的物种。遗传工程可以在个体水平上进行，

也可以在细胞甚至分子水平上进行。我国劳动人民长期以来运用有性杂交、物理因素（如辐射）、化学药物的诱导等方法创造出了各种各样的动、植物新品种。这是在个体水平上进行的遗传工程。前面说到的体细胞杂交是细胞水平上的遗传工程，我们这里要说的是在分子水平上进行遗传特性的组合，即用遗传物质搬家的方法来改变细胞的遗传性状。

知识小链接

遗传工程

遗传工程，也叫基因工程、基因操作或重组 DNA 技术，是 20 世纪 70 年代以后兴起的一门新技术，其主要原理是用人工的方法，把生物的遗传物质，通常是脱氧核糖核酸分离出来，在体外进行基因切割、连接、重组、转移和表达的技术；基因的转移已经不再限于同一类物种之间，动物、植物和微生物之间都可以进行基因转移，改变宿主遗传特性，创造新品种（系）或新的生物材料。

大家都知道，细胞中染色体上的 DNA 是与遗传信息代代相传有关的主要化学物质，它在代谢中担当了遗传因子的主要角色。自然界广泛地存在着外源遗传信息进入一个细胞并改变其特性的例子。人们从自然界得到启示：若将外源 DNA（可以是从某种细胞中提取出来的也可以是人工合成的）引入细胞并嵌入到细胞的遗传物质结构中去，就有可能改变细胞的遗传特性。在肺炎球菌的研究中，就可以清楚地看到这种现象。

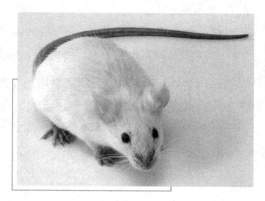

小白鼠

1928 年，有人发现，将少量不致病的肺炎球菌和大量经加热杀死的致病肺炎球菌同时给小白鼠注射，与预料相反，大部分小白鼠都感染了肺炎，而且从血液中还可以分离出活的致病肺炎球菌。1944年，人们把有荚膜光滑型肺炎球菌的DNA加入到培养基中，培养无荚膜粗糙肺炎球菌，无荚膜菌从培养基中吸取了有荚膜菌的DNA后便发育成为有荚膜菌了，不仅如此，连它的后代也具有了产生荚膜的能力。这个实验不但首次证明了DNA是遗传信息的携带者，同时，也证明了由于外源的DNA引入细胞而使细胞的遗传能力发生了"永久性"的改变。之后在其他细菌、动物、植物中也发现了相似现象。

广角镜

质 体

质体是植物细胞中由双层膜包裹的一类细胞器的总称，存在于真核植物细胞内，是真核细胞中具有半自主性的细胞器。质体由两层薄膜包围，可以随细胞的伸长而增大，是植物细胞合成代谢中最主要的细胞器。

一般说来，遗传物质的交换可以通过转化、转导等不同途径。转化指的是从甲细胞中提取出DNA处理乙细胞，从而定向地使乙细胞获得甲细胞的某些遗传特性的现象。转导作用则是遗传物质从一个细胞转移到另一个细胞，中间借助于病毒为媒介。当病毒在寄主细胞中繁殖时，在外壳蛋白将合成的病毒核酸包住的过程中，有时"误"将寄主细胞中少量DNA也包进去了，当这个病毒再去感染别的寄主时，第一个寄主的少量DNA就传到了第二个寄主细胞中，并常常嵌入到第二个细胞的遗传物质上去。现在已经从许多种属中分离出专任转导作用的病毒。目前，人们常用的一种方法是：将不同来源的DNA在体外借助于酶的作用，人工合成一个大分子叫作嵌合体，再经过质体（一种存在于大肠杆菌等细菌中小而完整的DNA环）把它携带到"宿主"细胞——一般是细菌中去。在这个步骤中，首先要得到具有我们所要求的遗传特性的DNA，这就需要从含有它的遗传物质中分离出来或人工合成。

遗传工程在某种意义上可以说是在分子水平上的杂交。近年来，人们不仅已经成功地将近缘或远缘细菌的DNA连成一个分子然后移入细菌中，并使进入的 DNA 能在新的"宿主"细胞中表现性状并复制自己，而且还能将动物和细菌的 DNA 联合，搬入细菌中，动物 DNA 在细菌中复制并遗传到后代。目前，某些人工合成的 DNA 的移植也已经获到了成功。

要对遗传工程这样一项新发展的遗传学方法作出正确的估计，还为时尚早。但从生物学的角度来看，它肯定将对细胞分化、细胞遗传、细胞进化和起源以及形态形成等基本理论方面有所贡献。在实际应用方面，则将有着更广阔的前途。

大家都知道，豆科植物的根上有根瘤菌共生，根瘤菌能起固氮作用，因此，豆科植物无须施氮肥。其他一些作物例如主要的粮食作物，根上没有固氮细菌共生，就需要消耗大量氮肥，目前，人们正在研究将固氮微生物的遗传物质 DNA 取出来，转移

趣味点击　　豆科

豆科为双子叶乔木、灌木、亚灌木或草本植物，直立或攀援，常有能固氮的根瘤植物。该科具有重要的经济意义，它是人类食品中淀粉、蛋白质、油和蔬菜的重要来源之一。

到能在小麦等作物根上生活的细菌中去，使这些细菌获得固氮能力并传到子代，或者将固氮菌 DNA 引入植物细胞中从而得到能独立固氮的植物，那么非豆科作物也就不再需要施氮肥了。人们还成功地将固氮 DNA 转移到大肠杆菌中。看来彻底解决生物固氮问题已为时不远了。

另外，植物病虫害，特别是病毒病，现在尚无有效的防治方法。因此，人们拟将某些抗病作物的 DNA 移植到丰产而不抗病的作物细胞中去，培育高产、优质而又抗病的新品种。运用遗传物质搬家的办法还将有可能培育出抗旱、抗劣质土壤，甚至可以用海水灌溉的作物。

制药工业中尚存在许多迫切需要解决的问题。例如，抗菌素的生产，现在所用的菌种发酵时间长，生产率低，如果我们运用移植遗传物质的方法使发酵时间短得多、又易于培养的细菌（如大肠杆菌）分泌抗菌素，那么将大大提高生产率。又如目前都是从猪、牛或其他大牲畜的胰腺中提取胰岛素

（一种用以治疗糖尿病的特效药，治疗精神病的辅助药），100 千克原料仅能生产 3～4 克；如果我们将胰腺细胞中产生胰岛素的遗传物质搬到细菌中去，使细菌具有产生胰岛素的能力，由于细菌的自我增殖要比高等生物快得多，一旦这项试验成功，将是胰岛素生产中的一次重大革新。

在纺织工业中，假如把产生丝蛋白的遗传物质引入到细菌中去，使其能合成丝蛋白，那么我们就可以在发酵罐中得到蚕丝，而大大缩短生产周期，并使整个蚕丝生产工业化。近年来有人认为，有可能运用噬菌体（寄生在细菌中的病毒），将一个特殊的 DNA 插入哺乳类或人的细胞，并改变其遗传特性。他们用缺乏半乳糖酶——一种能分解半乳糖的酶类——遗传病病人的细胞来做试验。这种病是遗传缺陷所引起的，通常被认为是不治之症。在体外，他们把细菌中含有产生半乳糖酶的 DNA 经噬菌体带入病人细胞，细胞接纳并运用这个 DNA，开始产生先前缺乏的半乳糖酶并将这种能力保持于子代。有些科学工作者将人工合成的 DNA 引入鹿细胞的染色体得到成功。人工合成的 DNA 成分是完全已知的，因此，能精确地知道它所含的遗传特性。由于这项成就，使用合成的核酸治疗遗传疾病将成为可能，人工合成的核酸比病毒要好得多，因为病毒常常携带着人体或动物不需要的甚至有害的遗传信息。展望前景，白化病、蚕豆黄病、多趾病、苯酮尿症、唇裂症等遗传病都将成为可治之症。